미분적분학 I

석용징 지음

KYOWOO

머리말

미·적분 교과는 이·공계 대학신입생에게 필수적으로 전통적인 대학수학이다. 그러나 미·적분은 방대한 수학적 표현과 배경 개념들(특히, 물리)을 다수 포함한다는 사실을 인식하면, 대학 1학년에게는 그 **지식의 갭** gap 이 크다. 따라서 교수학습 기술이 요구되는 특별한 과목이다.

미·적분을 배우거나 가르치는 모두에게 미·적분 교과의 방향이 왜곡되는 경향을 피할 수 있기를 바라면서, 시중 미·적분 교재의 일반적인 교수학적 문제점을 다음과 같이 정리해 볼 수 있다.

- 수학 전공의 기초체계로서 보다 더 엄밀하게 다루고자 하는 **수학적 형식주의 경향**
- **배경(응용) 개념**과 그 수학 표현에 대한 **해설 부족에 따른 지식의 갭** gap

따라서 다음과 같은 원칙에 따라 미·적분의 교재를 구성하고자 한다.

- 수학 전공의 기초 개념과 그 형식적 표현법은 적절한 수준으로 자제한다.
  한편 정의-정리-증명 순의 형식적 수학 강의는 지양하기로 한다.
- 물리 등 바탕이 되는 응용 배경 지식과 이에 관련되는 수학적 표현에 대한 해설을 적절하게 다루기로 한다.

[미적분 I]은 수강자 수준을 고려하여 기존 지식과 중복되는 부분을 대체할 수 있는 수학적 소재와 표현을 간략하게 포함시켰다.

이러한 저자의 뜻을 미·적분을 가르치거나 배우고자 하는 이들이 공감하여, 미·적분 교과의 효과적인 학습에 이 책의 작은 한 부분이라도 실질적인 도움이 되기를 바란다.

2018. 02

강원대학교 사범대학 수학교육과 교수 석 용 징

그리스 문자표

$A\ \alpha$	Alpha (알파)	$N\ \nu$	Nu (뉴)
$B\ \beta$	Beta (베타)	$\Xi\ \xi$	Xi (크시)
$\Gamma\ \gamma$	Gamma (감마)	$O\ o$	Omicron (오미크론)
$\Delta\ \delta$	Delta (델타)	$\Pi\ \pi$	Pi (파이)
$E\ \epsilon$	Epsilon (엡실론)	$P\ \rho$	Rho (로우)
$Z\ \zeta$	Zeta (제타)	$\Sigma\ \sigma$	Sigma (시그마)
$H\ \eta$	Eta (에타)	$T\ \tau$	Tau (타우)
$\Theta\ \theta$	Theta (세타)	$\Upsilon\ \upsilon$	Upsilon (웁실론)
$I\ \iota$	Iota (이오타)	$\Phi\ \phi$	Phi (파이)
$K\ \kappa$	Kappa (카파)	$X\ \chi$	Chi (카이)
$\Lambda\ \lambda$	Lambda (람다)	$\Psi\ \psi$	Psi (프사이)
$M\ \mu$	Mu (뮤)	$\Omega\ \omega$	Omega (오메가)

차 례

제 4 장 역함수 Inverse Function

제 5 장 미분방정식 Differential Equation

제2부 적분

제 6 장 적분

제 7 장 적분의 응용

제 8 장 (매개변수)곡선의 미·적분

제3부 함수의 전개

제 9 장 급수

교수-학습에 대하여

1. [미적분 Ⅰ]은 수강자 수준을 고려하여 진행한다.

[1~3장], [6~7장] 부분은 기존 지식에 포함되므로 수강자의 수준에 맞추어 진행하기로 한다. 생략 가능한 부분에 대해서는 **불필요한 반복을 피하고자, 대체할 만한** 수학적 배경 및 개념을 포함하였으니 참조할 수 있다.

2. 전개의 흐름을 놓치지 않는 수준으로 다룬다.

다룰만한 가치가 있는 증명, 계산, 개념 해설에 대해서는 비중을 두어 진행한다. 너무 기술적인 정리 논증, 또는 기계적인 계산 과정은 과감히 생략하여, 개념 흐름에 방해되지 않도록 한다.

3. 수학과의 형식주의에 빠지지 않도록 주의하여 진행한다.

기존 지식과 중복되는 부분에서도 개념 형성에 필요한 수학 주제와 용어를 포함시켜 심화시키도록 하였으나, 수학의 형식화에 빠지지 않도록 주의한다. 이를테면 함수, 극한, 연속성 등의 수학적 형식화에 치중해서는 안 된다. 또, 정의-정리-증명 식의 전통적 수학 강의 방식을 피한다.

제1부

미분

Chapter 01 도함수

1. 도함수와 미분계수

도함수와 **정적분**은 모두 어떤 양의 극한에 관련된다. 전자는 함수에 대한 **뉴턴 몫** Newton's quotient 이라 하는 어떤 나눗셈 형태의 극한이고, 후자는 주어진 함수에 대한 **리만 합** Riemann sum이라 하는 무한급수 형태의 극한이다.

정 의

점 x의 **(미소)근방**에서[1] 정의된 함수 f에 대하여 극한값

$$\lim_{h \to 0} \frac{f(x+h)-f(x)}{h}$$

이 존재할 때, f는 x에서 **미분가능** differentiable하고, 극한값을 f의 x에서의 **미분계수** derivative라 하며, 기호로 $f'(x)$, 즉[2]

$$f'(x) = \lim_{h \to 0} \frac{f(x+h)-f(x)}{h}$$

미분가능성에 대한 의미는 [다변수 함수의 미분가능성]의 도입 과정에서 자세히 다루기로 한다. (미분적분학 II 참조) 미분에 관한 대표적 공식이나 정리의 증명은 다음과 같이

1) 한 점을 중심으로 하는 충분히 작은 구간을 앞으로는 "**(미소)근방**" 이라 부르자. 근방 a neighborhood에 대한 수학적 표현은 **[극값의 분류]** 단원을 참조한다.

2) 도함수는 뉴턴의 몫 Newton's quotient, 즉 $\dfrac{f(x+h)-f(x)}{h}$의 극한이다.

간단한 표현으로 나타내기로 하자.

정리 (미분가능성과 연속성)

f가 x에서 미분가능하면, f는 x에서 연속이다.

증명 $f(x+h)-f(x)=\dfrac{f(x+h)-f(x)}{h}\cdot h \to f'(x)\cdot 0(=0)$

우리가 계산에 이용하는 아래의 여러 가지 미분 공식들은 미·적분 수준에서는 극한의 성질을 이용하여 간단히 이해하면 된다.[3)]

정리

f와 g는 x에서 미분가능 함수이고, c는 실수일 때

(1) $(f+g)'(x)=f'(x)+g'(x)$

(2) $(cf)'(x)=cf'(x)$

(3) $(f\cdot g)'(x)=f'(x)g(x)+f(x)g'(x)$

(4) $\left(\dfrac{1}{g}\right)'(x)=-\dfrac{g'(x)}{[g(x)]^2}$

따라서 $\dfrac{f}{g}=f\cdot\left(\dfrac{1}{g}\right)$ 로 쓰면, (3), (4)로부터 다음 결과를 얻는다.

(4)* $\left(\dfrac{f}{g}\right)'(x)=\dfrac{f'(x)g(x)-f(x)g'(x)}{[g(x)]^2}$

우(좌) 미분계수 right(left) hand-derivative

$$(|x|)'=\frac{|x|}{x}\ \left(\text{또는}\ \frac{x}{|x|}\right)$$

대학 수학에서는 미분계수가 정의되지 않을 수 있는 다양한 함수도 다루게 된다. 이 때, 좌·우미분계수가 각각 존재하는 경우에는 따로 정의하여 자세히 다루게 된다. 이를테면, 함수 $f(x)=|x|$는 $x=0$일 때, 미분계수가 존재하지 않는다. 이 경우 0의 오른쪽이나 왼

3) **[극한에 대한 $\epsilon-\delta$ 정의]**를 이용하는 형식적 증명(해석학 수준)은 생략하기로 한다.

쪽의 어느 한 쪽만을 각각 생각하면 $f(x)$는 도함수를 갖는다. 즉,

$$x > 0 \text{ 이고 } x \to 0 \text{이면, } \frac{f(x)-f(0)}{x} = \frac{x}{x} \to 1 \ ,$$

$$x < 0 \text{ 이고 } x \to 0 \text{이면, } \frac{f(x)-f(0)}{x} = \frac{-x}{x} \to -1$$

정 의

우(좌) 미분계수

$x > a$이고 $x \to a$일 때, $\dfrac{f(x)-f(a)}{x-a} \to L$이면 $f'(x+) = L$이라 쓰고, $x = a$에서의 f의 **(우)미분계수**라 한다. 마찬가지로 $x < a$이고 $x \to a$일 때, $\dfrac{f(x)-f(a)}{x-a} \to M$이면 $f'(x-) = M$이라 쓰고, $x = a$에서의 f의 **(좌)미분계수**라 한다.

이것을 합쳐서 (일방)미분계수 (one-sided)derivative라 한다.

따름정리

미분계수 $f'(a)$가 정의되려면,

$$f'(a+) = f'(a-) \left(= f'(a)\right)$$

즉, 미분계수가 존재하려면 일방 미분계수가 각각 존재하고, 일치하여야 한다. [앞의 예]에서 $f'(0+) = 1$, $f'(0-) = -1$와 같이 일방 미분계수는 각각 존재하나, 일치하지 않아 미분계수는 정의되지 않는다.

예 제

함수 $g(x) = \begin{cases} x^2 - 3 & , x \le 2 \\ x^2 - 6x + 9 & , x > 2 \end{cases}$ 의 $x = 2$에서의 미분계수를 구하여라.

풀이 (우)미분계수 $g'(2+) = \displaystyle\lim_{x \to 2+} \frac{g(x)-g(2)}{x-2}$

$$= \lim_{x \to 2+} \frac{(x^2-6x+9)-1}{x-2} = \lim_{x \to 2+} \frac{(x-4)(x-2)}{x-2}$$

$$= \lim_{x \to 2+} (x-4) = -2$$

(좌)미분계수 $g'(2-) = \lim_{x \to 2-} \dfrac{g(x)-g(2)}{x-2}$

$$= \lim_{x \to 2-} \frac{(x^2-3)-1}{x-2} = \lim_{x \to 2-} \frac{(x-2)(x+2)}{x-2}$$

$$= \lim_{x \to 2-} (x+2) = 4$$

$g'(2+) \neq g'(2-)$로 미분계수 $g'(2)$가 정의되지 않는다.

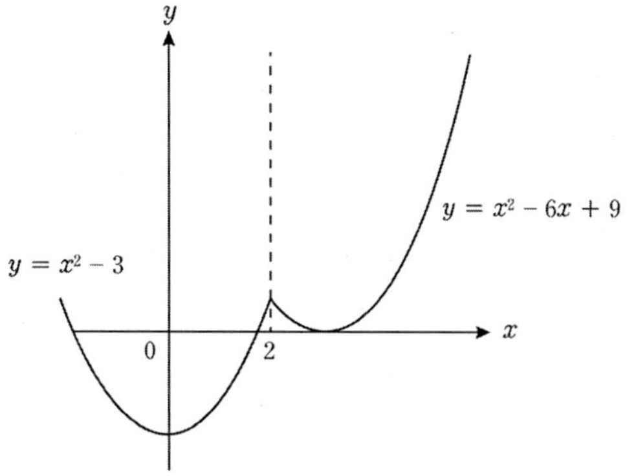

예 제

함수 $f(x) = \begin{cases} 1-x & , x \geq 0 \\ 0 & , x < 0 \end{cases}$에 대하여 (좌), (우)미분계수를 구하여 보자.

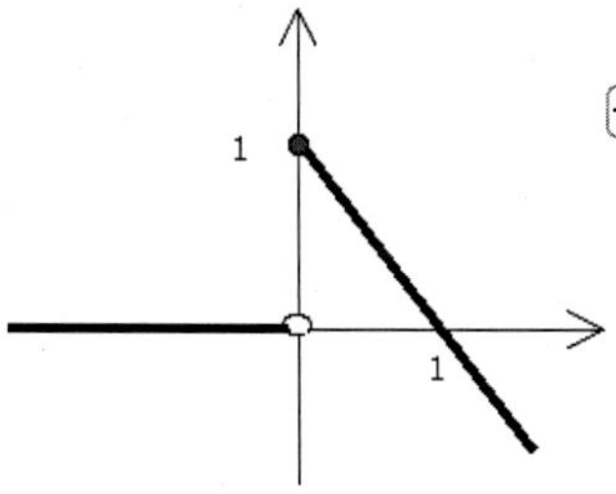

풀이 그림에서 $f'(0+) = -1$.

한편 $f'(0-) = \lim_{h \to 0-} \dfrac{f(h)-f(0)}{h}$

$$= \lim_{h \to 0-} \frac{0-1}{h} = +\infty$$

예 제

$$(|x|)' = \frac{|x|}{x}$$

풀이 $f(x) = |x|$에 대하여 $f'(x) = \begin{cases} 1 & , x > 0 \\ -1 & , x < 0 \end{cases}$ 것을 하나의 표현으로 간단히 $f'(x) = \dfrac{|x|}{x}$

로 나타낸다.

구분적 정의 함수 piecewise defined function

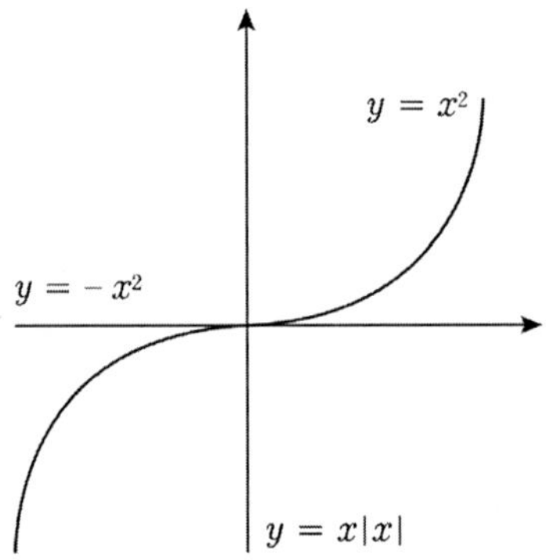

$f(x) = \begin{cases} x^2 & , x \geq 0 \\ -x^2 & , x < 0 \end{cases}$는 간단히 $f(x) = x|x|$로 쓸 수 있다. 함수 f의 그래프를 살펴보면 각각 미분 가능인 함수를 잘라 붙인 것으로, 그 접합 점 $x = 0$에서는 정의에 따라 계산하면 미분 가능임을 알 수 있고, 그 도함수는 $f' = 2|x|$로 연속함수임을 알 수 있다.

정리

$$\frac{d}{dx}(x|x|) = 2\,|x|.$$

증명 $x \neq 0$일 때 $(|x|)' = \dfrac{|x|}{x}$이므로

$$f'(x) = (x|x|)' = |x| + x\left(\frac{|x|}{x}\right) = 2|x|$$

한편, f는 구분적으로 정의된 함수이므로 $x = 0$에서

$$f'(0) = \lim_{x \to 0} \frac{f(x) - f(0)}{x} = \lim_{x \to 0} \frac{x|x|}{x} = \lim_{x \to 0} |x| = 0$$

따라서 모든 x에 대하여 $f' = 2|x|$로 쓸 수 있다.

즉, 앞 함수 f는 **연속적 미분가능** continuously differentiable 함수이다. 접합 점인 원점에서 원활하게 smoothly 붙어있음을 알 수 있다.

정 의

도함수 f'이 연속일 때, 함수 f를 **연속적 미분가능** 함수라 한다.

그러나 $f' = 2|x|$이므로 주어진 함수의 2회 미분 f''는 불연속 함수가 됨을 알 수 있다.[4)]

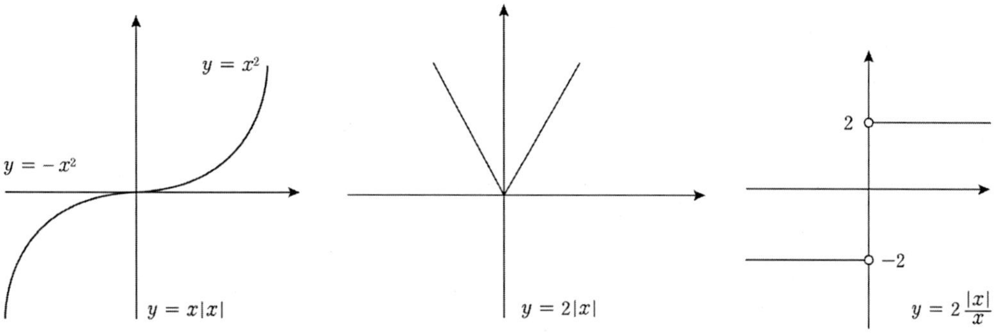

참고 함수 $f(x) = x^2|x|$의 이차 도함수는 연속이나, 삼차 도함수가 불연속임을 알 수 있다. 일반적으로, 함수 $f(x) = x^n|x|$은 n차 도함수가 연속이지만, $(n+1)$차 도함수는 불연속임을 알 수 있다.

연습문제

• 도함수의 정의

1. $f(x) = \begin{cases} x^2, & x \le 1 \\ x, & x > 1 \end{cases}$에 대하여 $f'(1+)$, $f'(1-)$를 각각 구하여, $f'(1)$이 존재여부를 판정하라.

해답 존재하지 않는다.

---

4) 도함수 f'가 연속인 함수 f를 **일급 함수**라 하고, 기호로 $f \in C^1$로 쓰며, C^1 **클래스**에 속한다고 한다. 이회 미분이 연속인 함수를 **이급 함수**라 하고, 기호로 $f \in C^2$ 로 쓰며, C^2 **클래스**에 속한다고 한다. 이를테면, 함수 $f = x|x|$는 이급함수가 아니다

2. 다음 함수의 $x=0$에서의 미분계수를 구하여라.

$$f(x)=\begin{cases} x^2 sin\dfrac{1}{x}, & x \neq 0 \\ 0, & x=0 \end{cases}$$

해답 $f'(0)=0$

3. $f(x)=|x|$에 대하여 $f'(x)=\dfrac{|x|}{x}$(단, $x \neq 0$) 또는 $f'(x)=\dfrac{x}{|x|}$로 나타낼 수 있다.

이것을 이용하여 $f(x)=x^2|x|$에 대한 도함수를 간단히 나타내라.

해답 $f'=3x|x|$

4. 다음 함수 중 $x=0$에서 미분가능인 함수를 찾고, 그 값을 구하라.

(1) $f(x)=x|x|$ (2) $f(x)=x^2|x|$

(3) $f(x)=x^3|x|$ (4) $f(x)=|x|(x-1)$

해답 미분가능 (1), (2), (3) 모두 $f'(0)=0$

5. 다음을 보여라.

(1) $f(x)=x^2|x|$는 **2급 함수**임을 보이자.

(2) $f(x)=x^n|x|$는 **n급 함수**임을 보이자.

2. 합성함수 미분법

합성함수의 도함수

$$\frac{d}{dx}(x^3+x^2+x+1)^{2008}=2008(x^3+x^2+x+1)^{2008-1}(3x^2+2x+1)$$

극한과 연속의 성질을 이용하여 **[합성함수의 미분법]**을 유도하여 보자. 또, **(1) 역함수의 미분법**을 합성함수의 미분법으로부터 구하자. 마찬가지로 **(2) 음함수의 미분법**도 합성함수의 미분법임을 알 수 있다.

f는 x에서 미분가능하고, g는 $f(x)$에서 미분 가능할 때, 그 도함수는 다음과 같다. 즉, **합성** composition $g \circ f$는 x에서 미분가능하다.

정리 (합성함수 미분법)

$$(g \circ f)'(x) = g'(f(x)) \cdot f'(x)$$

증명 $$\lim_{x^* \to x} \frac{g(f(x^*)) - g(f(x))}{x^* - x} = \lim_{x^* \to x} \frac{g(f(x^*)) - g(f(x))}{f(x^*) - f(x)} \cdot \frac{f(x^*) - f(x)}{x^* - x}$$
$$= \lim_{x^* \to x} \frac{g(f(x^*)) - g(f(x))}{f(x^*) - f(x)} \cdot \lim_{x^* \to x} \frac{f(x^*) - f(x)}{x^* - x}$$

즉,

$$(g \circ f)'(x) = g'(f(x)) \cdot f'(x)$$

$z = g(y),\ y = f(x)$로 쓰면, **[합성함수의 미분법]**은 간단히

$$\frac{dz}{dx} = \frac{dz}{dy} \cdot \frac{dy}{dx}$$ [5)]

예제를 통하여 정리의 의미를 잠시 생각해 보자. 만약에 다음 주어진 함수를 전개한 후 각 항을 미분 계산 한다고 생각해 보라. 그러나 정리를 이용하면, 우리는 간결하게 표현할 수 있다.

예 제

$f(x) = (x^3 + x^2 + x + 1)^{2008}$의 미분을 하여라.

풀이 $f(u) = u^{2008},\ g(x) = x^3 + x^2 + x + 1$의 합성함수 $f(g(x))$이므로 **[연쇄법칙]**에 따라

$$f'(x) = 2008(x^3 + x^2 + x + 1)^{2008-1} \cdot (3x^2 + 2x + 1)$$

5) **공식 패턴**을 보면 변수들의 종속 관계를 따르기 때문에 **[연쇄 법칙]** Chain Rule이라고 한다. 다변수 함수의 합성의 경우 변수간의 복잡한 종속 관계를 화살표 그림으로 나타내어, 합성함수 미분공식 **[연쇄 법칙]** a chain rule의 **공식 패턴**을 기억하면 편리하다. (**[미적분 II]** 참조)

합성함수 미분법의 응용 composite function

(1) 역함수 미분법 inverse function

$x = f^{-1}(f(x)) = (f^{-1} \circ f)(x)$이므로, f는 x에서 미분가능일 때, 역함수 f^{-1}도 $f(x)$에서 미분가능하다고 **가정하면**, **[합성함수 미분법]**으로부터

$$(f^{-1})'(f(x)) \cdot f'(x) = 1$$

즉, 함수 f가 x에서 미분가능하고 $f'(x) \neq 0$일 때, 그 역함수 f^{-1}도 $y(= f(x))$에서 미분가능하다고 **가정하면** 공식은 간단히 다음과 같다.

정리 (역함수 미분)

$$(f^{-1})'(y) = \frac{1}{f'(x)}$$

$y = f(x)$ 그리고 $x = f^{-1}(y)$로 쓰면, 라이프니츠 기호로 간단히

$$\frac{dx}{dy} = \frac{1}{\left(\frac{dy}{dx}\right)}$$

앞 정리에서 함수 f가 x에서 미분가능하고 $f'(x) \neq 0$일 때, 적어도 x의 (미소)근방에서 증가 또는 감소이므로 f^{-1}는 실제로 정의되고 미분 정의에 따라 $f(x)$에서 미분 가능임을 **단원 마무리에서 증명하기로 한다.**

유리수 멱의 미분을 **[역함수 미분]**을 이용하여 계산하여 보자.

예 제

(유리수 멱의 미분) 6)

$y = x^{\frac{m}{n}}$ 의 도함수를 구하여 보자. 단, n, m은 자연수

풀이 $y = \left(x^{\frac{1}{n}}\right)^m$ 로 나타내고 $t = x^{\frac{1}{n}}$ 로 쓰면, $y = t^m$.

---

6) 거듭제곱 x^n을 앞으로는 **멱** (a power)이라 읽는다. "x (to the) power n"의 번역이다. **[멱급수]** 단원 power series 참조.

[합성함수 미분법] $\frac{dy}{dx}=\frac{dy}{dt}\cdot\frac{dt}{dx}$에서 $x=t^{n}$이므로 **[역함수 미분법]**에 따라

$$\frac{dt}{dx}=\frac{1}{\left(\frac{dx}{dt}\right)}=\frac{1}{nt^{n-1}}$$

따라서 $\frac{dy}{dx}=mt^{m-1}\cdot\frac{1}{nt^{n-1}}=\frac{m}{n}t^{m-n}=\frac{m}{n}(x^{\frac{1}{n}})^{n-m}$

$$=\frac{m}{n}x^{\frac{m}{n}-1}$$

유리수 멱의 도함수는 자연수 차수 함수 $y=x^{n}$에 대한 도함수 $y'=nx^{n-1}$와 같은 형태임을 알 수 있다.7)

(2) 음함수 미분법 implicit function

음함수란 두 개 이상의 변수로 된 방정식에서 편의상 한 변수와 나머지 변수와의 함수관계를 생각하여 취급하도록 하는 용어이다. 이를테면, 원의 방정식 $x^2+z^2=1$에 대하여 음함수 미분을 한다는 말은 변수 z의 변수 x에 대한 두 가지 대응 관계(즉, 함수)를 생각하여 그 도함수를 생각하자는 표현이다.

$$x^2+(\pm\sqrt{1-x^2})^2=1, \qquad \text{즉} \quad x^2+[z(x)]^2=1$$

여기서 $z(x)=\pm\sqrt{1-x^2}$.

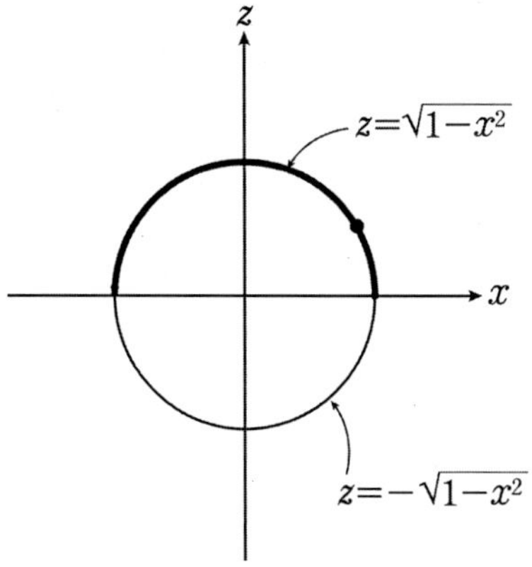

7) **[참고]**$y=x^{\alpha}$(α **실수**)의 도함수도 $\alpha x^{\alpha-1}$. 왜냐하면 $(x^{\alpha})'=(e^{\alpha\ln x})'=x^{\alpha}\cdot\frac{\alpha}{x}$.

이 때, 방정식 $F(x, z) = c$의 변수 사이에 함수 관계 $z(x) = \pm\sqrt{1-x^2}$를 숨기고 있다 하여 **음함수**로 부르는 것이다. 여기서 $z(x) = \pm\sqrt{1-x^2}$를 변수 간의 대응 규칙을 명백히 한 **(양)함수**라 한다. 따라서 주어진 방정식을 음함수로 보고 미분할 때에는 **변수 간의 종속 관계**를 생각하고 **[합성함수의 미분법]**을 사용하도록 한다.

앞에서 역함수 미분법을 사용하여 계산한 유리수 멱의 미분을 **[음함수 미분]**을 이용한 간단한 풀이를 해 보자.

다른 풀이 **[유리수 멱의 미분]** $y^n = x^m$로 쓰고 미분하면, $n\,y^{n-1}\dfrac{dy}{dx} = m\,x^{m-1}$ 즉,

$$y' = \frac{m\,x^{m-1}}{n\,y^{n-1}} = \frac{m\,x^{m-1}}{n\left(x^{\frac{m}{n}}\right)^{n-1}} = \frac{m}{n}x^{\frac{m}{n}-1}$$

단원을 마무리하기 위하여 **[정리] 역함수의 미분**을 증명하기로 한다. 이것은 역함수 f^{-1}의 미분가능성을 포함하는 진술로 증명은 다음과 같이 한다. 정리의 **공식**과 함께 f^{-1}도 $f(x)$에서 미분 가능임을 보이는 것이 포함된다.

정리[8] (역함수 미분)

함수 f가 x에서 미분가능 differentiable하고 $f'(x) \neq 0$일 때, $(f^{-1})'(y) = \dfrac{1}{f'(x)}$

증명

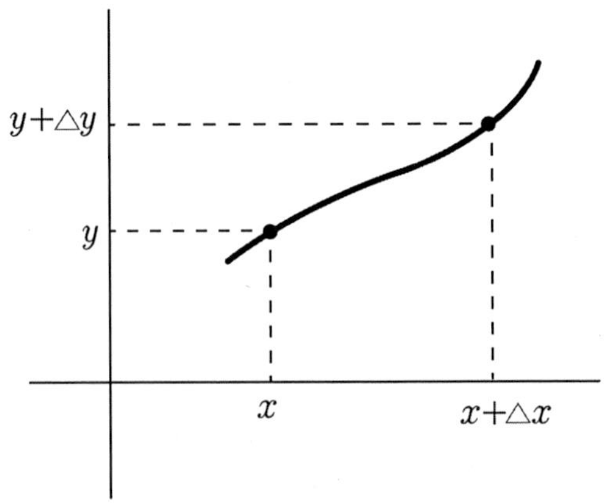

8) **[주의]** 본문 앞에서는 미분가능성을 가정하고 공식의 형태만을 바로 얻은 것이고, **[정리]**는 미분가능성을 보이는 과정에서 공식을 얻고 있다.

함수 f가 x에서 미분가능하고 $f'(x) \neq 0$ 일 때, 적어도 x의 **(미소)근방**에서 증가 또는 감소이므로 f^{-1}가 정의된다. 따라서

$$\begin{aligned} f^{-1}(y) &= \lim_{\Delta y \to 0} \frac{f^{-1}(y+\Delta y) - f^{-1}(y)}{\Delta y} \\ &= \lim_{\Delta x \to 0} \frac{\Delta x}{f(x+\Delta x) - f(x)} \\ &= \lim_{\Delta x \to 0} \frac{1}{\left(\dfrac{f(x+\Delta x) - f(x)}{\Delta x}\right)} \end{aligned}$$

연습문제

• 합성함수의 미분법

1. 세 함수 $f(x) = \dfrac{1}{x}$, $g(x) = x^3 + 1$, $h(x) = x^2$에 대하여 다음 순서대로 답하라.

(1) 합성함수 $f(g(h(x)))$를 구하라.

(2) 앞의 결과를 미분하라.

(3) 합성함수 미분법을 따라 미분하여, (2)의 결과와 비교하라.

2. 다음 각각의 함수에 대하여 아래 순서대로 답하라.

(가) $f(x) = \dfrac{x^2}{x^2+1}$　　(나) $f(x) = (x^2 + 2x - 1)^2$

(1) 직접 미분하라.

(2) 두 함수의 합성으로 나타내고, 합성함수 미분법으로 미분하라.

(3) 이 결과를 앞의 (1)의 결과와 비교하라.

• 음함수 미분

3. $\sin(x+y) = xy$에서 음함수 미분을 이용하여 y'을 구하라.

해답 $y' = \dfrac{y - \cos(x+y)}{\cos(x+y) - x}$

4. $y^3 - x^2 = 4$일 때 $y^{(2)}$를 구하라.

해답 $y'' = \dfrac{6y^3 - 8x^2}{9y^5}$

5. $x^2 + y^2 - 4 = 0$에 대하여 다음 순서로 답하라.

(1) 음함수 미분법을 따라 미분하라.

(2) $y = f(x)$꼴로 나타내라.

(3) 이것을 미분하고, 비교하라.

6. $x^5 - x^3y^2 + xy + y^2 = 0$의 $x = 1$에서의 y의 값을 구하고, 그 점에서의 미분계수 $\dfrac{dy}{dx}$를 구하라.

해답 -1

7. 방정식 $y^3 - x^2 = 0$에 대하여 음함수 미분법을 사용하여 $\dfrac{d^2y}{dx^2}$를 구하라.

해답 $\dfrac{6y^3 - 8x^2}{9y^5}$

8. 제곱근 함수 $f(x) = \sqrt[m]{x}$의 도함수를 직접 계산할 때에는 다음과 같은 유리화를 이용하여 $(\sqrt[m]{x})' = \dfrac{1}{m}x^{\frac{1}{m}-1}$임을 구하라.

유리화

$$h = (x+h) - x = (\sqrt[m]{x+h})^m - (\sqrt[m]{x})^m$$
$$= (\sqrt[m]{x+h} - \sqrt[m]{x})[(\sqrt[m]{x+h})^{m-1} + (m-1)(\sqrt[m]{x+h})^{m-2}(\sqrt[m]{x}) + \cdots + (\sqrt[m]{x})^{m-1}]$$

3. 고계 도함수 a Higher derivtives

$$y^{(n)},\ f^{(n)}(x),\ \frac{d^ny}{dx^n},\ \frac{d^n}{dx^n}f(x),\ \cdots$$

함수 $f(x)$의 도함수 $f'(x)$를 다시 미분해서 얻은 도함수를 $f''(x)$로 나타내고, $f''(x)$를 다시 미분해서 얻은 도함수를 $f'''(x)$ 또는 $f^{(3)}(x)$라 쓰며, $f(x)$의 3계 도함수라 한다. 일반적으로 $y=f(x)$를 n번 반복하여 얻은 도함수를 n계 도함수라 하고, 다음과 같은 여러 가지 기호로 나타낸다.

$$y^{(n)},\ f^{(n)}(x),\ \frac{d^n y}{dx^n},\ \frac{d^n}{dx^n}f(x),\ \cdots$$

단, 함수 $f(x)$는 $f^{(0)}(x)$로 표시한다. $n \geq 2$, 즉 **2계 이상**의 도함수를 **고계 도함수** higher derivatives라고 한다.

예 제

$y=(1+x)^n$에 대하여

$$y^{(k)}=0, \quad k>n$$

풀이 $y'=n(1+x)^{n-1}$

$$y''=n(n-1)(1+x)^{n-2}$$

$$\vdots$$

$$y^{(k)}=n(n-1)(n-2)\cdots(n-k+1)x^{n-k}$$

$$\vdots$$

$$y^{(n)}=n!. \text{ 따라서 } \quad y^{(k)}=0, \quad k>n$$

마찬가지로 다음을 얻을 수 있다. 간단하므로 **연습으로 남기기로 한다.**

예 제

$y=log \;\; x$에 대하여

$$y^{(n)}=(-1)^{n-1}\frac{(n-1)!}{x^n}$$

$f(x)$, $g(x)$가 n회 미분가능하면, $f \cdot g$도 n회 미분가능 하여 간단히 다음과 같다.[9)]

9) 라이프니츠 *Leibniz* **공식**.

함수 곱의 (고계)도함수

$$(f \cdot g)^{(n)} = \sum_{k=0}^{n} {}_nC_k\, f^{(k)}(x)\, g^{(n-k)}(x)$$

증명 $(fg)' = f'g + fg'$

$(fg)'' = f''g + 2f'g' + fg''$. 귀납적으로(**형식적 논증은 생략**)

$(f \cdot g)^{(n)} = f^{(n)}g + {}_nC_1 f^{(n-1)}g' + {}_nC_2 f^{(n-2)}g^{(2)} + \cdots + fg^{(n)}$

예제

$y = x^3 \log x$에 대하여

$$y^{(n)} = \frac{n!}{x^{n-3}}\left((-1)^{n-1}\frac{1}{n} + (-1)^{n-2}\frac{3}{n-1} + (-1)^{n-3}\frac{3}{n-2} + (-1)^{n-4}\frac{1}{n-3}\right)$$

풀이 $(x^3)^{(k)} = 0,\ k \geq 4$이므로, $y^{(n)}$의 전개에 다음 4항만 나타난다.

$$\begin{aligned} y^{(n)} &= (-1)^{n-1}\frac{(n-1)!}{x^n}x^3 + n(-1)^{n-2}\frac{(n-2)!}{x^{n-1}}(3x^2) + \frac{n(n-1)}{2!}(-1)^{n-3}\frac{(n-3)!}{x^{n-2}}6x \\ &\quad + \frac{n(n-1)(n-2)}{3!}(-1)^{n-4}\frac{(n-4)!}{x^{n-3}}6 \\ &= \frac{n!}{x^{n-3}}\left((-1)^{n-1}\frac{1}{n} + (-1)^{n-2}\frac{3}{n-1} + (-1)^{n-3}\frac{3}{n-2} + (-1)^{n-4}\frac{1}{n-3}\right) \end{aligned}$$

예제

$y = e^x \sin x$에 대한

$$y^{(n)} = (\sqrt{2})^n e^x \sin\left(x + n \cdot \frac{\pi}{4}\right)$$

풀이 $y' = e^x(\sin x + \cos x) = \sqrt{2}\, e^x \sin\left(x + \frac{\pi}{4}\right)$

$y'' = \sqrt{2}\, e^x\left(\sin\left(x + \frac{\pi}{4}\right) + \cos\left(x + \frac{\pi}{4}\right)\right) = (\sqrt{2})^2 e^x \sin\left(x + 2 \cdot \frac{\pi}{4}\right)$

귀납적으로 결론을 얻는다. **(형식적 논증은 생략)**

연습문제

• 고계 도함수

1. $f(x)=e^{x}\,log\ x$의 3계 도함수를 구하라.

해답 $f^{(3)} = e^{x}(log\,x+\frac{3}{x}-\frac{3}{x^2}+\frac{2}{x^3})$

2. $y=\frac{1}{x}$의 n계 도함수를 나타내 보아라.

해답 $y^{(n)} = (-1)^{n}n!\,\frac{1}{x^{n+1}}$

3. $y=log\ x$에 대하여 n계 도함수는 $y^{(n)}=(-1)^{n-1}\frac{(n-1)!}{x^n}$임을 보여라.

4. 도함수의 응용

도함수가 뜻하는 중요한 개념은 (1) **접선** tangent line (2) **변화율** a rate of change (3) **근사** approximation에 대해 생각할 수 있다. 특히, 근사는 **[함수의 전개]** 단원을 참조하기로 한다.

(1) 접선 tangent line

평면 위의 함수 f의 그래프를 생각해 보자. 도함수는 할선들의 기울기의 극한으로서 접선의 기울기를 나타내게 된다. 따라서 $f'(x_0)$는 곡선 $y=f(x)$의 한 점 $(x_0, f(x_0))$에서의 접선의 **기울기**($Slope$)라 한다. 도함수의 기하적 의미는 법선과 접선을 다룰 수 있다.

정리

곡선 $y=f(x)$의 한 점 $(x_0, f(x_0))$에서

접선의 방정식 $y-f(x_0)=f'(x_0)(x-x_0)$

$f'(x_0)\neq 0$일 때

법선의 방정식 $y-f(x_0)=-\dfrac{1}{f'(x_0)}(x-x_0)$

(2) 변화율 a rate of change

어떤 양이 관련된 다른 양에 대한 순간 변화는 매우 중요한 정보이다. 이를테면,

거리의 **시간**에 대한 변화율을 **속도**
속도의 **시간**에 대한 변화율을 **가속도**

라 하고,

질량의 **부피**에 대한 변화율을 **밀도** [10]

라 한다.

이것들은 모두 도함수의 변화율 개념을 실제에 적용한 것이다. 응용에 중요하므로 **단원의 끝에서 보충하기로 한다**.

예제

풍선의 반지름의 시간에 대한 변화율은 매분 $2\,cm$라 하자. 풍선의 반지름이 $5\,cm$일 때의 부피의 시간에 대한 변화율을 구하자.

풀이 $V=\dfrac{4\pi}{3}r^3$이므로 시간 t의 함수로 보면

$$\frac{dV}{dt}=4\pi r^2\frac{dr}{dt}=4\pi 5^2(2)=200\pi$$

10) **[참고]** 선형 물체는 밀도(분포)함수 $\rho(x)$에 **선소**(length element) dx를 곱의 무한 합은 **질량** mass이라 하는 **[물리 량]**. 즉, $m=\int_a^b \rho(x)\,dx$, 또는 $\dfrac{dm}{dx}=\rho$.

(3) 근사 approximation

함수의 도함수를 접선의 기울기로서의 기하적 의미를 강조하는 것이 보편적이나, 다음과 같이 주어진 식에 대한 근사식으로서의 의미를 포함한다.

그림으로부터 다음 정리를 쉽게 이해할 수 있다.

정리[11] [일차 근사]

$f(x+\Delta x) \approx f(x) + f'(x)\Delta x$

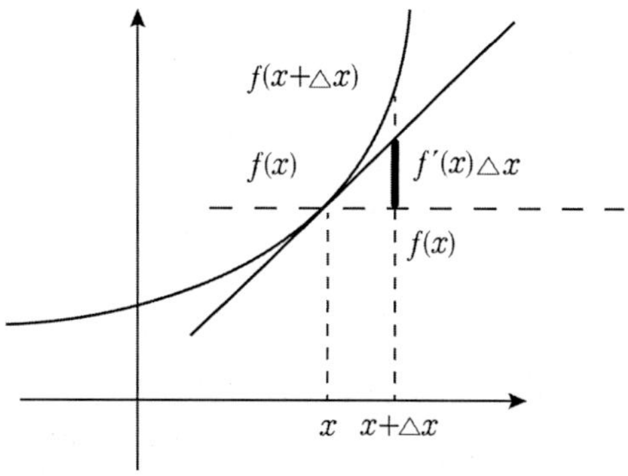

예 제

$\sqrt{1.1}$의 (일차)근삿값을 구하자.

풀이 $\sqrt{1.1} = \sqrt{1+0.1}$이므로, $f(x) = \sqrt{x}$ 에 대하여 적용하면

$$\sqrt{1.1} \approx \sqrt{1} + \frac{1}{2\sqrt{1}} \cdot (0.1) (= 1.05)$$

정 의

(미분 differential) $dy = f'(x)\,dx$

x의 증분 Δx에 대한 y의 증분은 $\Delta y = f(x+\Delta x) - f(x)$이며, $\Delta x \to 0$일 때 y의 증분은 **y의 미분** dy. 기호로 $dy = f'(x)\,dx$으로 나타낸다. 여기서 dx는 **x의 미분**이다.[12]

11) 기호 $\approx$는 $\Delta x \to 0$일 때 (양변)의 차이는 0이라는 뜻이다. (우변)을 함수 f의 **(일차)근사**(linear) approximation라 한다. **(고차)근사**는 **[함수의 전개]** 단원에서 자세히 다룬다.

직선 운동을 하는 질점의 위치 x의 시간 t에 대한 위치함수 $x = x(t)$에 대하여 $\frac{dx}{dt} = v(t)$는 속도(함수)이다. 이때 운동하고 있는 질점의 **위치 변화**(변위)의 **미분** dx는 $dx = v(t)\,dt$. **(그림 참조)**

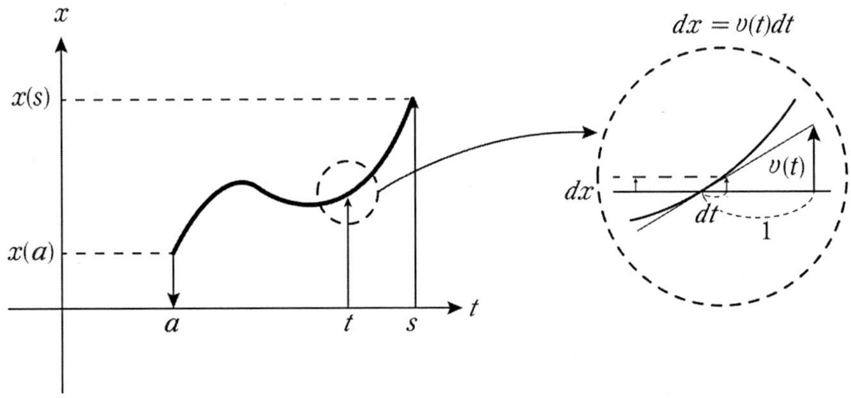

예 제

(1) 반지름 r인 원 넓이 $A(r)$의 미분을 나타내라.

(2) x축 상의 직선 운동 $x = x(t)$에서 이동거리 $s(t)$의 미분을 나타내라.

풀이 (1) $A(r) = \pi r^2$이므로 $dA = A'(r)\,dr = 2\pi r\, dr$

(2) $s(t) = \int_0^t \sqrt{1+(x')^2}\, dt$이므로 $ds = s'(t)\,dt = \sqrt{1+(x')^2}\, dt$

[참고] 운동 a motion

중요한 물리적 양들에 대한 도함수가 갖는 해석은 다양하다. 이를테면, 입자가 직선을 따라 운동할 때, 그 **이동 거리**를 변수 s로 쓰면 시간 t의 함수로 $s = f(t)$로 쓸 수 있다. 이 때 (이동 거리)의 시간에 대한 변화율 $\frac{ds}{dt}$는 입자의 **속력** speed 을 나타낸다.[13] 그러나

12) **[주의] 미분계수**와 **미분**은 다른 표현임에 주의한다. $dy = f'(x)\,dx$에서 x의 미분, y의 미분 사이의 계수 $f'(x)$를 **미분 계수**라 한 것이다.

$y=f(t)$가 (운동) 위치 a position를 나타내는 함수일 때 $\frac{dy}{dt}$는 **속도** velocity $v(t)$이고, 운동 입자의 속도 변화율을 **가속도** acceleration라 한다.

$$(\text{가속도}) = \frac{dv}{dt} = \frac{d^2y}{dx^2}$$

예제

중력의 영향으로 **자유낙하** a free falling하는 입자의 이동거리

$$s(t) = \frac{1}{2}g\ t^2$$

여기서 g는 **중력상수**이다. 이 때 **속도(속력)**은[14]

$$\frac{ds}{dt} = g\,t$$

이고 **가속도**는

$$\frac{d^2s}{dt^2} = g$$

함수 $y=f(x)$에 대하여 도함수 $f'(x)$는 y의 x에 대한 변화율을 나타내게 된다. 대부분의 응용에서 종속되어 있는 양들 사이의 변화율은 **[연쇄법칙]**을 따르게 된다. 즉, y는 x의 함수이고, $x=g(t)$로 x는 t의 함수일 때, y의 t에 대한 변화율은 연쇄법칙을 따라

$$\frac{dy}{dt} = \frac{dy}{dx} \cdot \frac{dx}{dt}.$$

예제

정사각형의 각 변의 변화율이 $2cm/$초이다. 각 변이 $6cm$일 때의 정사각형의 넓이 변화율을 구하자.

풀이 각 변을 x라 하면 정사각형의 넓이 $A(x)=x^2$. 그런데 $\frac{dx}{dt} = 2\ cm/$초이므로 $x(t)=6\ \ cm$일 때의 넓이 변화율

13) **[물리]**에서는 변수 s는 (이동 거리), **[수학]**에서는 (곡선의 길이)를 나타내는 변수이다.

14) **[주의] 한 방향으로의 직선 운동**에서는 **속도** velocity와 **속력** speed은 같은 개념이 된다.

$$\frac{dA}{dt} = \frac{dA}{dx}\frac{dx}{dt} = 2 \cdot 6 \cdot 2 = 24 \ (cm^2/\text{초})$$

예 제

가로등의 높이는 25 ft이다. 키가 6 ft인 사람이 걷는 속도가 5 (ft/초)로 가로등의 오른쪽으로 걸어 40 ft 지점을 지날 때, 그림자의 길이 변화율을 구하라.15)

풀이

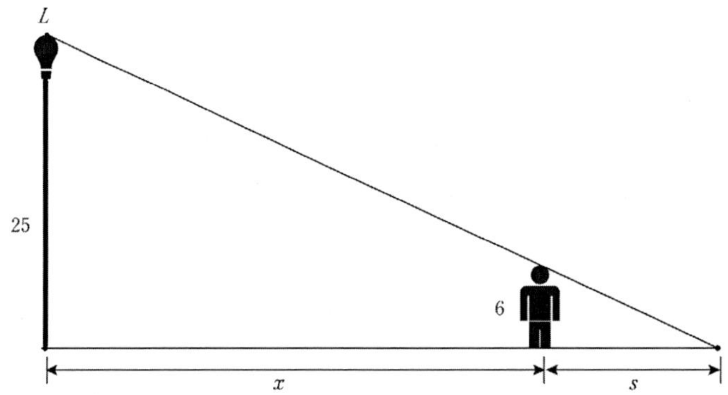

그림자의 길이 s, 사람이 가로등과의 거리를 x라 쓰면, 닮음비로부터

$$\frac{25}{x+s} = \frac{6}{s} \text{ 즉, } \quad s = \frac{9}{16}x$$

로부터 $\dfrac{ds}{dt} = \dfrac{6}{19}\dfrac{dx}{dt}$.

한편 $\dfrac{ds}{dt} = \dfrac{ds}{dx}\dfrac{dx}{dt}$이므로 $\dfrac{dx}{dt} = 5$로부터 $\dfrac{ds}{dt} = \dfrac{6}{19} \cdot 5 = \dfrac{30}{19}$ (ft/초)

연습문제

• 근삿값

1. 일계 도함수를 이용하여 $\sqrt{104} \approx 10.2$임을 보여라.

15) (ft)는 $feet$의 약자로 거리 단위.

2. 공 모양의 풍선에서 반지름의 변화율이 매분 $2\,cm$라 하자. 풍선의 반지름이 $5\,cm$일 때 부피 변화율을 구하라.

해답 분당 $200\pi\ cm^3$

3. 일계도함수를 이용하여 다음 값의 근삿값을 구하라.

(1) $\sqrt[3]{1010}$ 해답 $\dfrac{301}{30}$

(2) $sin\,43^\circ$ 해답 $\dfrac{1}{\sqrt{2}}\left(1-\dfrac{\pi}{90}\right)$

• 변화율

4. 원기둥의 밑변의 반지름이 2 $(cm/초)$로 줄어들고, 높이가 5 $(cm/초)$로 높아져 그 밑변의 반지름이 $6\,cm$, 높이가 8 cm 될 때의 부피의 변화율을 구하라.

해답 -12π

5. 두 기차가 역에서 하나는 100 (km/h)의 속도로 북쪽으로 먼저 출발하고, 다른 하나는 3시간 뒤에 60 (km/h)의 속도로 동쪽으로 움직이기 시작한다. 두 번째 출발한 기차가 출발한지 2시간이 지날 때 두 기차간의 거리 변화율을 구하라.

해답 $\dfrac{14400+100000}{2\sqrt{14400+250000}}$

6. 공 모양의 풍선에서 반지름의 변화율이 매분 $2\,cm$라 하자. 풍선의 반지름이 $5\,cm$일 때 부피 변화율을 구하라.

해답 200π

7. 장경, 단경이 각각 a, b인 타원에 내접하는 최대 사각형의 넓이를 구하라.

해답 $\dfrac{1}{2}ab$

Chapter 02 평균값 정리

1. 연속함수의 기본 성질 continuous functions

구간 ($interval$)은 수직선 상의 연결 집합이다. 닫힌 구간 $[a, b]$상의 연속함수의 가장 기본적인 성질 2가지를 간단히 소개하기로 한다.

(1) **중간값 정리** Intermediate Value Theorem [IVT]
(2) **최대·최소 정리** Max-Min Theorem

중간값 정리

$[a, b]$상의 연속함수 f에 대하여 $f(a)$와 $f(b)$의 사이 값 k는

$$k = f(c),\ c \in [a, b]$$

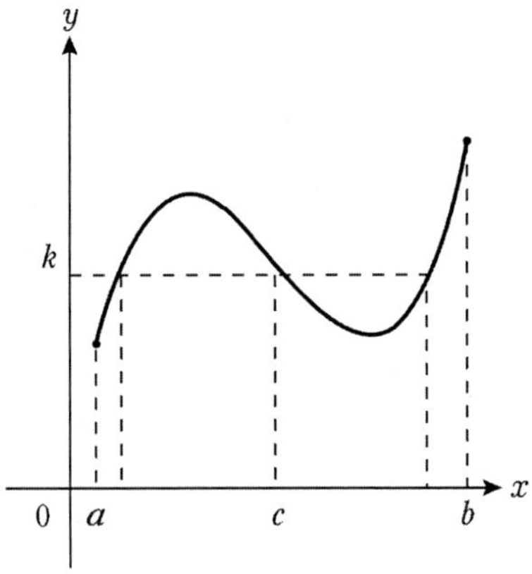

즉, $f(a)$와 $f(b)$의 사이 값들은 모두 구간 $[a, b]$내의 어떤 점에서의 f의 함수 값으로 나타난다.[16]

16) 직관적으로 당연하게 보인다. 그러나 **[중간값 정리]**, **[최대·최소 정리]**의 수학적 논증은 몇 가지 개념과 기호를 도입하여 기술적으로 다루어야 하므로 생략한다. **(해석학 analysis 참고)**

최대·최소 정리

$[a, b]$에서 함수 f가 연속이면 모든 $x \in [a, b]$에 대하여

$$f(c) \le f(x) \le f(d)$$

이 되는 $c, d \in [a, b]$가 각각 존재한다.

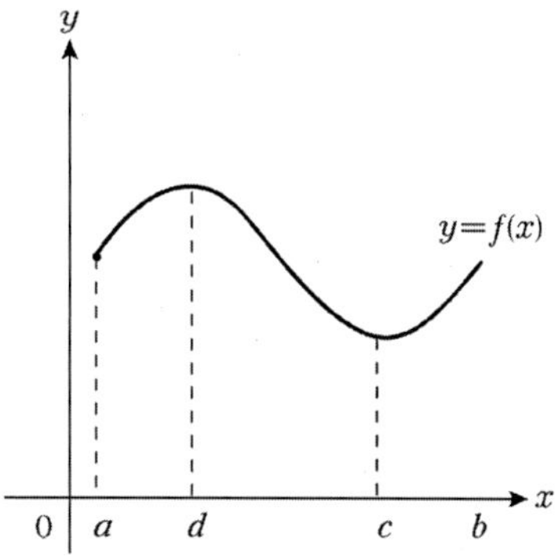

여기서 $f(c), f(d)$는 각각 구간 상에서 f의 최대, 최솟값으로 다음과 같이 표현된다.

$$f(d) = Max\{f(x) \mid x \in [a, b]\}, \quad f(c) = Min\{f(x) \mid x \in [a, b]\}$$

참고 이 경우, 닫힌 구간 $[a, b]$의 함수 f에 의한 **상 image (집합)**[17] $f([a, b])$는 $[f(c), f(d)]$ 로 쓸 수 있다.

[참고] 중간값 정리의 응용

(1) 닫힌 구간 $[a, b]$에서 함수 f가 연속이고, $f(a) \cdot f(b) < 0$이면

$$f(x_0) = 0, \ x_0 \in [a, b]$$

(2) 실수 계수 삼차 다항 방정식은 실근이 하나는 있다.

풀이 (2) 실 계수 삼차다항식 $P_3(x)$의 최고차항 계수는 편의상 양이라고 하면, $\lim_{x \to \pm\infty} P_3(x) = \pm\infty$ 따라서 중간 값인 0도 적당한 $x_0 \in R$가 존재하여 $0 = P_3(x_0)$형태로 나타난다. 즉, 실근이 존재한다.

17) **(정의)** 함수 f에 의한 집합 S의 **상** image (집합)

$$f(S) = \{f(x) \mid x \in S\}$$

2. 평균값 정리 Mean Value Theorem

$$|f(x)-f(y)| \le M|x-y|$$

도함수에 대한 정리 중 대표적인 [롤의 정리]는 미분 가능한 함수의 그래프는 최대·최솟값을 갖는 점에서 수평 접선을 가진다는 것이다. 이것은 닫힌 구간상의 연속함수의 최대·최소정리를 도함수의 성질로 바꾸어 생각한 것이다.

롤의 정리는 다음과 같이 변형되어 쓰인다.

(1) **평균값 정리** Mean Value Theorem [MVT]

(2) **코시 평균값 정리** Cauchy

롤 정리의 증명 과정은 도함수의 정의를 익히는데 도움이 된다. 흐름을 잃지 않도록 그 증명은 단원의 끝에 두기로 한다.

[롤의 정리] Rolle

f가 닫힌 구간$[a,b]$에서 연속, 개구간(a,b)에서 미분가능이고 $f(a)=f(b)=0$일 때,

적당한 $c\in(a,b)$**에 대하여** $f'(c)=0$

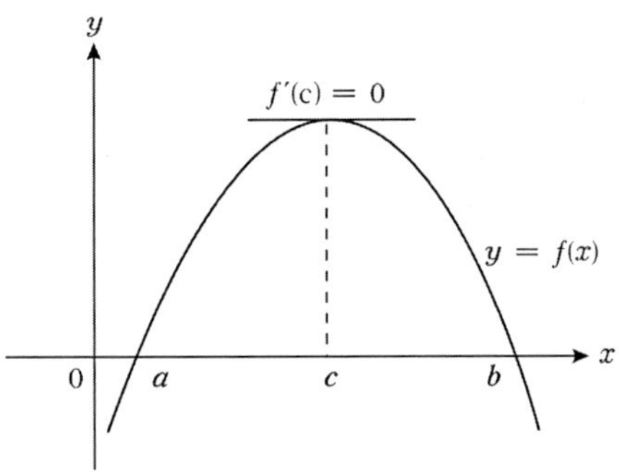

[롤의 정리]를 살펴보면 함수 $f(a)=f(b)(=k)$인 경우도 성립함을 알 수 있다. $\phi(x)=f(x)-x$에 대하여 **[롤의 정리]**를 적용할 수 있고, 같은 결과를 얻는다.

따름정리

f가 닫힌 구간 $[a,b]$에서 연속, 구간 (a,b)에서 미분가능, $f(a)=f(b)$일 때,

적당한 $c\in(a,b)$**에 대하여** $f'(c)=0$

주어진 구간 $[a,b]$상의 곡선의 두 점 $(a,f(a))$, $(b,f(b))$를 잇는 선분의 기울기 $\frac{f(b)-f(a)}{b-a}$와 같은 미분계수를 가지는 점이 구간 내에 있다는 것이 [평균값 정리]이다.

평균값 정리 [MVT]

f가 닫힌 구간 $[a,b]$에서 연속이고, 구간 (a,b) 상에서 미분 가능한 함수 f에 대하여

다음 등식이 성립하는 c가 존재한다.

$$\frac{f(b)-f(a)}{b-a}=f'(c)$$

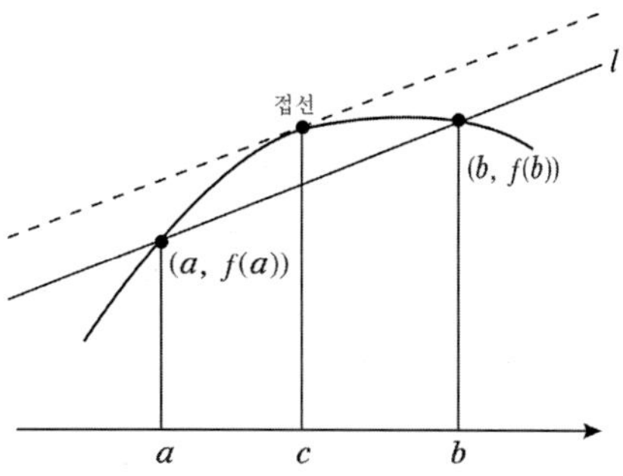

그림으로 나타내 보면 당연하게 보이지만 증명을 하기에는 수학적인 기교가 필요하다. 여기서는 미정계수법을 이용한 증명을 보인다. **[평균값 정리]는 [롤의 정리]의 결과**이다.

[평균값 정리 증명]

$\phi(x)=f(x)-\lambda x$를 생각하면 $\phi(a)=\phi(b)$가 되는 실수 λ가 다음과 같이 결정된다. 즉, $f(a)-\lambda a=f(b)-\lambda b$로부터 $\lambda=\frac{f(b)-f(a)}{b-a}$.

이러한 λ의 $\phi(x)$에 대해서 **[롤의 정리]**를 적용하면,

$$0=\phi'(c)=f'(c)-\lambda,\ 즉\ f'(c)=\lambda$$

한편, **[평균값 정리]**를 $f(b)-f(a)=f'(c)(b-a)$형태로 쓰면, 다음과 같은 결과들을 얻는다.[18]

따름 정리

$$f'(x)\equiv 0이면,\ f(x)\equiv C(상수함수)$$

---

18) [평균값 정리] Mean Value Theorem는 "가장 중요한 정리" Most Valuable Theorem라 비유할 만큼 유용한 정리이다.

증명 $x_1 < x_2$에 대하여 $f(x_2) - f(x_1) = f'(c)(x_2 - x_1) = 0$.

마찬가지로, **미분이 양(음)인 함수는 증가(감소) 함수**임을 알 수 있다. 형식적 논증은 **[극값의 분류]** 단원의 **[증가 감소 판정법]**을 보도록 한다. 그런데 그 도함수 f'가 **유계** bounded인 미분가능 함수 f에 대하여 평균값 정리의 직접적인 결과로 다음과 같다.

따름 정리

미분 가능한 함수 f가 $|f'| \le M$일 때

$$|f(x) - f(y)| \le M|x-y|$$ [19]

많은 함수들이 그 도함수가 유계, 즉 $|f'| \le M$이므로 앞의 부등식을 얻는다. 이를테면, $f(x) = sin\ x$에 대하여 다음 부등식을 얻는다.[20]

$$|sin\ x| \le |x|$$

부등식 $|sin\ x| \le |x|$은 $f(x) = sin\ x$의 $x = 0$에서의 연속성 continuity을 의미한다. 실제로

$$\begin{aligned} |sin\ x - sin\ y| &= |cos\ c||x-y| \\ &\le |x-y| \end{aligned}$$

가 되어 모든 점에서 **연속성을 나타내는 부등식**이 되는 것이다.

단원을 마무리하기 위하여 평균값 정리의 바탕인 [롤의 정리]를 증명하기로 하자.

[롤의 정리] 증명

닫힌 구간상의 연속함수 f는 최댓값 M과 최솟값 m을 갖는다. 그런데 $f(a) = f(b) = 0$이므로 $m \le 0 \le M$.

1) $m = M = 0$인 경우

---

19) **연속성** continuity을 나타내는 부등식이다.

20) $x = 0$의 (미소)근방에서 필요하다. $|x|$가 충분히 큰 경우, **자명한** 부등식이 된다.

$f=0$이므로 모든 $c\in(a,b)$에 대하여 $f'(c)=0$.

2) $M>0$인 경우

$M=f(c)$, $c\in(a,b)$로 쓰면, $a<x\le c$에 대하여 $f(x)\le f(c)$ 따라서

$\dfrac{f(x)-f(c)}{x-c}\ge 0$. 그런데 f는 c에서 미분가능이므로,

$$f'(c-)=\lim_{x\to c-}\frac{f(x)-f(c)}{x-c}(\ge 0)$$

마찬가지로, $c\le x<b$에 대하여 $f(x)\le f(c)$. 따라서 $\dfrac{f(x)-f(c)}{x-c}\le 0$.

그런데 f는 c에서 미분가능이므로

$$f'(c+)=\lim_{x\to c+}\frac{f(x)-f(c)}{x-c}\ (\le 0)$$

f는 c에서 미분가능이므로, (좌)미분계수=(우)미분계수, 즉

$$f'(c+)=f'(c-)=0,\quad \text{즉 } f'(c)=0$$

3) $m<0$인 경우 **(2)의 증명을 모방**하면 되므로 **연습으로 남긴다.**

연습문제

• 평균값 정리

1. 다음 주어진 구간에서 [평균값 정리]를 만족시키는 점 c를 구하라.

$$f(x)=x+\frac{1}{x},\qquad [\frac{1}{2},2]$$

해답 $c=1$

2. 구간 $[0,\dfrac{\pi}{2}]$에서 함수 $f(x)=sin\,x$, $g(x)=cos\ x$에 대하여 [코시 평균값 정리]를 만족하는 점 c를 구하라.

해답 $c=\dfrac{\pi}{4}$

3. $[a,b]$상에서 h, g는 연속이고, $g \ge 0$일 때, 다음을 보여라.

> 적당한 점 $c \in [a,b]$가 존재하여 $\int_a^b h(t)g(t)\,dt = h(c)\int_a^b g(t)\,dt$

• 부등식 Inequalities

4. 부등식 $|\sin\theta| \le |\theta|$임을 증명하여라.

5. 이것을 이용하여 $f(x) = \sin x$는 임의의 점 $x = a$에서 연속임을 증명하여라.

(힌트) $|\sin x - \sin a| \le 2|\sin\frac{x-a}{2}\cos\frac{x+a}{2}|$

6. $x > 0$일 때 $\log(x+1) < \frac{1}{x} + \log x$임을 보여라. 단, $\log x$는 자연로그이다.

(힌트)$(x,\ x+1)$상에서 평균값 정리

7. 모든 $x \ge 0$에 대하여 $1 - \frac{x^2}{2} \le \cos\ x$임을 보여라.

8. $x - \frac{x^3}{3 \cdot 2} \le \sin\ x$임을 보여라.

9. $\cos x \le 1 - \frac{x^2}{2} + \frac{x^4}{4 \cdot 3 \cdot 2}$임을 보여라.

10. $\sin\ x \le x - \frac{x^3}{3 \cdot 2} + \frac{x^5}{5 \cdot 4 \cdot 3 \cdot 2}$임을 보여라.

11. $0 < x < \frac{\pi}{2}$일 때 $\tan x > x$ 임을 보여라.

12. $t > 0$일 때 $t + \frac{1}{t} \ge 2$임을 보여라.

13. $x>0$ 일 때 $f(x)=ax+\dfrac{b}{x}$의 최솟값은 $2\sqrt{ab}$임을 보여라. 단 $a,b>0$인 상수.

14. 구간 $[a,b]$상에서 미분 가능한 두 함수 f,g가 $f(a)\le g(a)$ 그리고 $f'(x)\le g'(x)$ 일 때 $f(x)\le g(x)$임을 보여라.

15. $x>0$일 때, $sin\, x < x$임을 보여라.

16. **(베르누이 부등식 Bernoulli)** 실수 $x\ge 1$ 일 때 $x^n-1\ge n(x-1)$임을 보여라. 여기서 $n(\ge 1)$은 정수.

3. 로피탈 정리 L'Hôspital

$$\lim_{x\to\infty}\frac{x^n}{e^x}=0,\quad \lim_{x\to\infty}\frac{log\ x}{\sqrt[n]{x}}=0^{21)},\quad \lim_{n\to\infty}\sqrt[n]{n}=1$$

분수 형태의 극한에서 분모, 분자 →0일 때, 그 비의 극한은 직관적으로 판단하기가 어렵다. 이와 같이 직관적으로 결정할 수 없는 극한의 형태들을 **부정형** Indefinite forms 이라 한다. 여기서는 예제를 통하여 여러 가지 형태의 부정형의 극한을 다룰 수 있는 기법을 다룬다. $\dfrac{0}{0}$형, $\dfrac{\infty}{\infty}$형 부정형을 **기본 부정형**이라 하는데, 다른 형태의 부정형들은 약간의 대수적 조작으로 기본 부정형으로 바꾸어 계산할 수 있기 때문이다.

$\dfrac{0}{0}$꼴 부정형

부정형 극한에 대한 **몇 가지 형태**로 소개되는데, 가장 간단한 것은 다음과 같다.

---

21) **[주의]** 앞으로는 자연로그 ln도 log로 표기하기로 한다.

정리

$f(x)$, $g(x)$가 구간의 한 점 $x=a$에서 미분 가능하고 $f(a)=g(a)=0$,
그리고 $g'(a)\neq 0$일 때,

$$\lim_{x\to a}\frac{f(x)}{g(x)}=\lim_{x\to a}\frac{f'(x)}{g'(x)}$$

증명 $$\lim_{x\to a}\frac{f(x)}{g(x)}=\lim_{x\to a}\frac{\left(\dfrac{f(x)-f(a)}{x-a}\right)}{\left(\dfrac{g(x)-g(a)}{x-a}\right)}=\frac{f'(a)}{g'(a)}$$

예제

$$\lim_{x\to 0}\frac{\sin x}{x}=\lim_{x\to 0}\frac{\cos x}{1}=1$$

기본 부정형에 대한 계산 방법을 제공하는 로피탈 정리에 대한 증명을 간단히 소개한다. **[코시 평균값 정리]**를 이용하는 것이다. 코시 평균값정리에 대한 증명은 **단원 끝으로 미루기로 한다.**

정리

(로피탈 정리) 점 $x=a$를 제외한 $x=a$근방에서 함수 f,g는 미분가능이고, $g'\neq 0$, $\lim_{x\to a}f(x)=\lim_{x\to a}g(x)=0$일 때

(1) $\lim_{x\to a}\frac{f'(x)}{g'(x)}=k$ 이면, $\lim_{x\to a}\frac{f(x)}{g(x)}=k$

(2) $\lim_{x\to a}\frac{f'(x)}{g'(x)}=\infty$ (또는 $-\infty$)이면, $\lim_{x\to a}\frac{f(x)}{g(x)}=\infty$ (또는 $-\infty$)

증명 (1) **함수 극한의 정의에 대한 수학적 표현**를 생각하면 다음과 같다.

함수 f,g가 $x=a$에서 정의되어 있지 않는 경우에는 $f(a)=g(a)=0$로 정의하면, $x=a$를 포함하는 적당한 구간 $[a-\delta, a+\delta]$에서 연속이다.

이제 $a < x < a+\delta$에 대하여 [**코시 평균값 정리**]에 따라 $c \in (a, x)$가 존재하여

$$\frac{f(x)}{g(x)} = \frac{f(x)-f(a)}{g(x)-g(a)} = \frac{f'(c)}{g'(c)}$$

따라서

$$\lim_{x \to a+} \frac{f(x)}{g(x)} = \lim_{c \to a+} \frac{f'(c)}{g'(c)} = k$$

$a-\delta < x < a$에서는, 마찬가지 방법으로 $\lim_{x \to a-} \frac{f(x)}{g(x)} = k$. 따라서 $\lim_{x \to a} \frac{f(x)}{g(x)} = k$

(2)의 증명 **단원 끝에 달아두기로 한다.**

[참고] $x \to \pm\infty$일 때의 기본 부정형

$x \to \pm\infty$일 때의 기본 부정형 $\frac{0}{0}$꼴에 대한 계산은 $x = \frac{1}{t}$로 고쳐 쓰면, $x \to 0\pm$에서의 $\frac{0}{0}$꼴 부정형이므로 앞의 [로피탈 정리]가 적용 가능하다.

대수적 조작

$$\lim_{x \to \pm\infty} \frac{f(x)}{g(x)} = \lim_{t \to 0\pm} \frac{f\left(\frac{1}{t}\right)}{g\left(\frac{1}{t}\right)} = \lim_{t \to 0\pm} \frac{-\frac{1}{t^2} f'\left(\frac{1}{t}\right)}{-\frac{1}{t^2} g'\left(\frac{1}{t}\right)}$$

$$= \lim_{t \to 0\pm} \frac{f'\left(\frac{1}{t}\right)}{g'\left(\frac{1}{t}\right)} = \lim_{x \to \pm\infty} \frac{f'(x)}{g'(x)}$$

다음과 같은 경우에는 [로피탈 정리]를 **반복 적용**한 결과이다.

따름 정리

$f^{(n)}$, $g^{(n)}$은 $x = c$의 근방에서 연속이고, $f^{(k)}(c) = 0$, $g^{(k)}(c) = 0 (k = 0, 1, \cdots, n-1,)$ 그리고 $g^{(n)}(c) \neq 0$ 일 때,

$$\lim_{x \to c} \frac{f(x)}{g(x)} = \frac{f^{(n)}(c)}{g^{(n)}(c)}$$

예 제

$\lim_{x \to 0} \frac{x - \sin x}{x^3} = \frac{1}{6}$ 임을 보이자.

풀이 $\lim_{x \to 0} \frac{x - \sin x}{x^3} = \lim_{x \to 0} \frac{1 - \cos x}{3x^2} = \lim_{x \to 0} \frac{2\sin^2 \frac{x}{2}}{12\left(\frac{x}{2}\right)^2}$

$\lim_{x \to 0} \frac{\sin x}{x} = \lim_{x \to 0} \frac{\cos x}{1} = 1$ 이므로, 결과를 얻는다.

$\frac{\infty}{\infty}$ 꼴의 부정형

$\lim_{x \to a} f(x) = \lim_{x \to a} g(x) = \infty$ 인 경우 다음 정리를 얻는다. 흐름을 위하여 **증명은 생략하기로 한다.**

정리

($\frac{\infty}{\infty}$ 꼴 부정형) 점 $x = a$ 를 제외한 근방 $\{x \mid 0 < |x - a| < \delta\}$ 에서 $f(x)$, $g(x)$ 가 미분 가능이고, 또 $g'(x) \neq 0$ 일 때, $\lim_{x \to a} f = \lim_{x \to a} g = \infty$ 인 경우

(1) $\lim_{x \to a} \frac{f'(x)}{g'(x)} = k$ 이면, $\lim_{x \to a} \frac{f(x)}{g(x)} = k$

(2) $\lim_{x \to a} \frac{f'(x)}{g'(x)} = \infty$ (또는 $-\infty$)이면, $\lim_{x \to a} \frac{f(x)}{g(x)} = \infty$ (또는 $-\infty$)

[참고] 여러 형태의 부정형

다른 형태의 부정형들은 **대수적인 조작**으로 기본 부정형으로 고쳐 로피탈 정리를 쓸 수 있다. 이를테면, $\alpha > 0$ 일 때 $\lim_{x \to 0+} x^{\alpha} \log x$ 은 $0 \cdot \infty$ 형의 부정형이다. 이것을

$$\lim_{x \to 0+} x^{\alpha} \log x = \lim_{x \to 0+} \frac{\log x}{x^{-\alpha}}$$

로 고쳐 쓰면 $\frac{\infty}{\infty}$형 부정형이므로$= \lim_{x \to 0+} \frac{\left(\frac{1}{x}\right)}{-\alpha x^{-\alpha-1}} = \lim_{x \to 0+} \frac{x^{\alpha}}{-\alpha} = 0$

예 제

$\lim_{x \to 1}\left(\frac{1}{\log x} - \frac{1}{x-1}\right)$을 구하자.

풀이 $\lim_{x \to 1}\left(\frac{1}{\log x} - \frac{1}{x-1}\right) = \lim_{x \to 1}\frac{x-1-\log x}{(x-1)\log x} = \lim_{x \to 1}\frac{1-\frac{1}{x}}{\log x + \frac{x-1}{x}}$

[로피탈 정리]를 반복 적용하면 $= \lim_{x \to 1}\frac{\frac{1}{x^2}}{\frac{1}{x}+\frac{1}{x^2}} = \frac{1}{2}$

단원을 마무리를 위하여 [코시 평균값 정리]를 증명하기로 한다.

함수 f, g가 닫힌 구간 $[a, b]$에서 연속이고, 개구간 (a, b)에서 미분가능하며 임의의 $x \in (a, b)$에 대하여 $g'(x) \neq 0$이면, 다음이 성립하는 적당한 $c \in (a, b)$가 존재한다.

(코시 평균값 정리) Cauchy [22)]

$$\frac{f'(c)}{g'(c)} = \frac{f(b)-f(a)}{g(b)-g(a)}$$

[코시 평균값 정리]

증명 우선 $g(a) \neq g(b)$임을 알 수 있다. [23)] 이제, $\psi(x) = f(x) - \lambda g(x)$를 생각하면 $\psi(a) = \psi(b)$가 되는 실수는 $\lambda = \frac{f(b)-f(a)}{g(b)-g(a)}$. 따라서 이러한 λ에 대한 $\psi(x)$에 **[롤**

22) **[평균값 정리]**는 코시 평균값 정리에서 $g(x) = x$인 특별한 경우이다.

23) $g(a) = g(b)$인 경우 **[롤의 정리]**에 따라, $g'(d) = 0$가 되는 $d \in (a, b)$가 존재하여 가정 $g' \neq 0$에 위배되기 때문

의 정리]를 적용하면, $\psi'(c) = f'(c) - \lambda g'(c) = 0$ 즉, $\lambda = \dfrac{f'(c)}{g'(c)}$.

단원을 마무리하기 위하여 앞에서 소개한 정리 (2)의 증명을 달아두기로 한다.

[정리(2)의 증명]

함수 f, g가 $x = a$에서 정의되어 있지 않는 경우에는 $f(a) = g(a) = 0$로 정의하면, $x = a$를 포함하는 적당한 구간 $[a-\delta, a+\delta]$에서 연속이다.

$a < x < a+\delta$에 대하여 **[코시 평균값 정리]**에 따라 $c_x \in (a, x)$가 존재하여

$$\frac{f(x)}{g(x)} = \frac{f(x)-f(a)}{g(x)-g(a)} = \frac{f'(c_x)}{g'(c_x)}$$

로 쓸 수 있으므로 $\lim_{x\to a}\dfrac{f'(x)}{g'(x)} = \infty$이면, $\lim_{x\to a}\dfrac{f(x)}{g(x)} = \infty$.

연습문제

• 로피탈 정리

1. 다음 계산법은 옳은 가? 잘못이라면, 바로 잡아라.

$$\lim_{x\to 3}\frac{x-3}{x^2-3} = \lim_{x\to 3}\frac{1}{2x} = \frac{1}{6}$$

해답 적용 조건 $\dfrac{0}{0}$꼴이 아닌 예

2. 다음을 보여라.

(1) $\lim_{x\to 0+}\dfrac{e^{-\frac{1}{x^2}}}{x^2} = 0$

(2) $\lim_{x\to 1} x^{\frac{1}{x-1}} = e^{-1}$

(3) $\lim_{x\to\infty} x\left(a^{\frac{1}{x}} - 1\right) = \log a$

(4) $\lim_{x\to\infty}(x - \log x) = \infty$

(5) $\lim_{x \to 0+} x^{\alpha} \log x = 0$ 단, $\alpha > 0$

(6) $\lim_{x \to 0+} \left(\frac{1}{\sin x} - \frac{1}{x} \right) = 0$

(7) $\lim_{x \to \infty} x^{a} \sin \frac{1}{x} = 0$,단 $0 < a < 1$

3. $\lim_{x \to 0+} x^{x} = 1$임을 보여라.

4. 로피탈 정리를 거듭 적용하여 다음 극한을 구하시오.

$$\lim_{x \to 0} \frac{e - (1+x)^{\frac{1}{x}}}{x}$$

해답 $\frac{e}{2}$

5. 곡선 $y = x^2$ 위의 점 (x, y)에 대하여 $(0, 0), (1, 0), (x, y)$를 꼭짓점으로 하는 삼각형의 면적을 $A(x)$, 또 $(0, 0), (0, 1), (x, y)$를 꼭짓점으로 하는 삼각형 면적을 $B(x)$로 나타낼 때 $\lim_{x \to 0} \frac{A(x)}{B(x)}$가 존재하면, 그 값을 구하라.

풀이 $A(x) = \frac{x^2}{2}$, $B(x) = \frac{|x|}{2}$이므로 $\lim_{x \to 0} \frac{A(x)}{B(x)} = 0$

6. 함수 f가 두 번 미분가능일 때, 다음 극한이 나타내는 값을 구하여라.

$$\lim_{h \to 0} \frac{f(x+h) - 2f(x) + f(x-h)}{h^2}$$

해답 $f^{(2)}(x)$

• 수열 극한의 계산

7. 수열 $\left\{ n^{\frac{1}{n}} \right\}$의 극한을 구하시오.

(힌트) $n^{\frac{1}{n}} = e^{\frac{1}{n} \log n}$

해답 1

8. 수열 $\left\{(1+\frac{1}{n})^n\right\}$ 의 극한을 구하시오.

(힌트) log 취하여 로피탈 정리

해답 e

[참고] 로그 · 지수함수와 다항식

로피탈 정리를 이용하면

(1) 큰 $\alpha > 0$에 대한 x^α보다 e^x가 훨씬 빠르게 증가. 반대로

(2) 작은 $\alpha > 0$에 대한 x^α보다도 $log\ x$가 아주 느리게 증가

임을 알 수 있다. 로그-지수 함수의 상대적 증가 상태를 로피탈 정리를 적용하여 살펴보기로 한다.

예제

$\alpha > 0$ 일 때

$$\lim_{x\to\infty}\frac{x^\alpha}{e^x}=0$$

풀이 $\lim_{x\to\infty}\frac{x^\alpha}{e^x}=\lim_{x\to\infty}\left(\frac{x}{e^{\frac{x}{\alpha}}}\right)^\alpha=\left(\lim_{x\to\infty}\frac{x}{e^{\frac{x}{\alpha}}}\right)^\alpha=\left(\lim_{x\to\infty}\frac{1}{\frac{1}{\alpha}e^{\frac{x}{\alpha}}}\right)^\alpha=0$

[다른 풀이]

$log\left(\frac{x^\alpha}{e^x}\right)=\alpha log\ x-x=\alpha x\left(\frac{log\ x}{x}-1\right)$ 그런데 $\lim_{x\to\infty}\frac{log\ x}{x}=\lim_{x\to\infty}\frac{\left(\frac{1}{x}\right)}{1}=0$이므로 $\alpha x\left(\frac{log\ x}{x}-1\right)\to-\infty$. 로부터 결과를 얻는다.

앞 [예제]는 큰 $\alpha > 0$에 대한 x^α보다 e^x가 (상대적으로) 빠르게 증가한다는 것을 의미한다. 반대로, 다음 [예제]는 작은 $\alpha > 0$에 대한 x^α보다도 $log\,x$가 느리게 증가한다는 것을 알 수 있다.

예제

$$\lim_{x\to\infty}\frac{\log x}{x^{\alpha}}=0 \quad (\alpha>0)$$

풀이 $\displaystyle\lim_{x\to\infty}\frac{\log x}{x^{\alpha}}=\lim_{x\to\infty}\frac{\frac{1}{x}}{\left(e^{\alpha\log x}\right)'}=\lim_{x\to\infty}\frac{\frac{1}{x}}{\frac{\alpha}{x}e^{\alpha\log x}}=\lim_{x\to\infty}\frac{\frac{1}{x}}{\frac{\alpha}{x}x^{\alpha}}=\lim_{x\to\infty}\frac{1}{\alpha x^{\alpha}}=0$

[로피탈 정리]를 사용하면 $\alpha>0$일 때,

$$\lim_{x\to\infty}\frac{x^{\alpha}}{e^{x}}=0,\ \lim_{x\to\infty}\frac{\log x}{x^{\alpha}}=0$$

임을 알 수 있다. 따라서 다음을 얻는다.

따름 정리

임의의 다항식 $p(x)$에 대하여

$$\lim_{x\to\infty}\frac{p(x)}{e^{x}}=0$$

마찬가지로 $\displaystyle\lim_{x\to\infty}\frac{\log x}{x}=0,\ \lim_{x\to\infty}\frac{\log x}{\sqrt{x}}=0$임을 알 수 있다. 일반적으로, 다음을 알 수 있다.

따름 정리

임의의 자연수 n에 대하여

$$\lim_{x\to\infty}\frac{\log x}{\sqrt[n]{x}}=0$$

Chapter 03 그래프 그리기

1. 그래프 곡선 그리기

$y=f(x)$의 그래프를 그리기 위한 자료

아래의 $A \sim G$ 항을 고려하여 그래프를 그리고, 다음과 같이 자세히 묘사한다.

- 점선으로 점근선을 그린다.
- 절편, 극대·극소점, 그리고 변곡점을 표기한다.
- 이러한 점들을 지나면서 E에 의해서 올라가고 내려가는 것, G에 의해 오목성을 갖고, 그리고 점근선에 접근하는 곡선을 그린다.
- 어떤 점 가까이서 좀 더 자세한 그림이 요구되면 그 곳에서 미분계수를 계산한다. 접선은 곡선이 진행하는 방향을 지시한다.

A **정의역**

B **절편**

y 절편은 $f(0)$, x절편은 $y=0$로 놓고, x에 대해 푼다. 일반적으로 x절편을 구하는 것은 어렵다.

C **대칭성**

(1) 반사적 대칭

$f(-x)=f(x)$일 때, f는 우함수이고, 곡선은 y축에 대칭이다. 곡선을 그릴 때 반만 그린 다음, y축에 반사시키면 된다.

(2) 회전적 대칭

$f(-x)=-f(x)$일 때, f는 기함수이고, 곡선은 원점에 대칭이다.

(3) 주기성

$f(x+T)=f(x)$일 때, 주기 T 만큼 간격으로 그래프는 반복된다.

D 점근선

(1) 수평점근선

$\lim\limits_{x\to\infty} f(x)=L$ 일 때, 함수 f는 수평점근선 $y=L$을 가진다. $\lim\limits_{x\to-\infty} f(x)=L$도 마찬가지 경우이다.

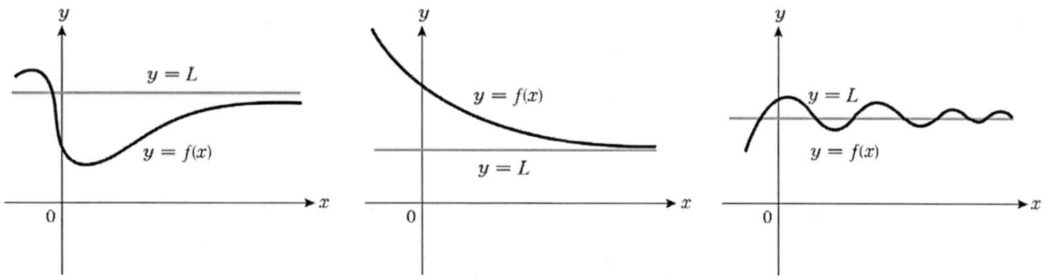

(2) 수직점근선

$\lim\limits_{x\to a+} f(x)=\pm\infty$일 때, 곡선은 $x=a$의 수직점근선을 가진다. $\lim\limits_{x\to a-} f(x)=\pm\infty$도 마찬가지이다.

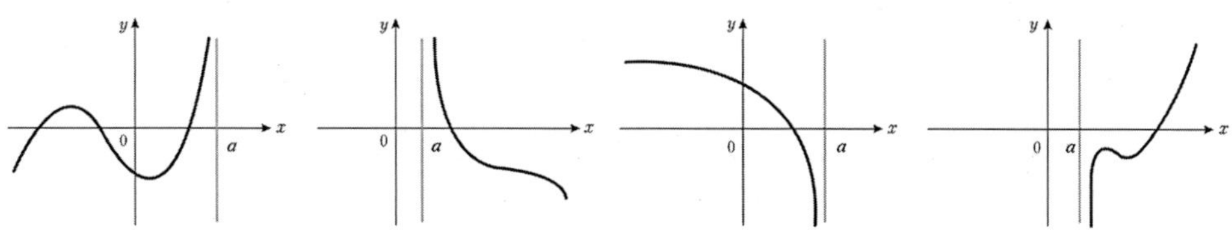

(a) $\lim\limits_{x\to a^-} f(x)=\infty$ (b) $\lim\limits_{x\to a^+} f(x)=\infty$ (c) $\lim\limits_{x\to a^-} f(x)=-\infty$ (d) $\lim\limits_{x\to a^+} f(x)=-\infty$

E 증가·감소 구간

f'의 부호가 양 또는 음이 되는 구간을 구한다.

F 극대·극소값

먼저 f의 **임계점**($f'(c)=0$ 인 점)을 구한다. 그 다음 **[일차도함수 판정법]** (즉, f'의 부호가 $+$에$-$로 바뀌면 $f(c)$는 극대, $-$에서 $+$로 바뀌면 극소)을 사용한다. 특히, $f''(c)\neq 0$인 임계점에서는 **[이차도함수 판정법]** (즉, $f''(c)>0$이면

$f(c)$는 극소이고, $f''(c) < 0$이면 $f(c)$는 극대)을 이용한다.

G **오목·볼록, 변곡점**

$f''(x) > 0$인 곳에서는 (아래로)**볼록**이다. **변곡점**은 오목·볼록이 바뀌는 곳이다.

2. 함수 극한 a limit of function

한 쪽 방향의 극한이 제 각각인 함수들을 자주 만나게 된다. 이를테면, 함수 $f(x) = \frac{x}{|x|}$는 $x = 0$의 오른쪽이나 왼쪽의 어느 한 방향으로만 국한시키면, $f(x)$는 극한값을 갖는다.

$$x > 0\text{이고} \quad x \to 0\text{이면, } f(x) \to 1,$$
$$x < 0\text{이고} \quad x \to 0\text{이면, } f(x) \to -1$$

일방극한은 각각 존재하나, 극한은 정의되지 않는 경우이다. 앞으로 "$x > 0$이고 $x \to 0$"을 기호로 간단히 $x \to 0+$, 마찬가지로 "$x < 0$이고 $x \to 0$"을 $x \to 0-$로 나타낸다.

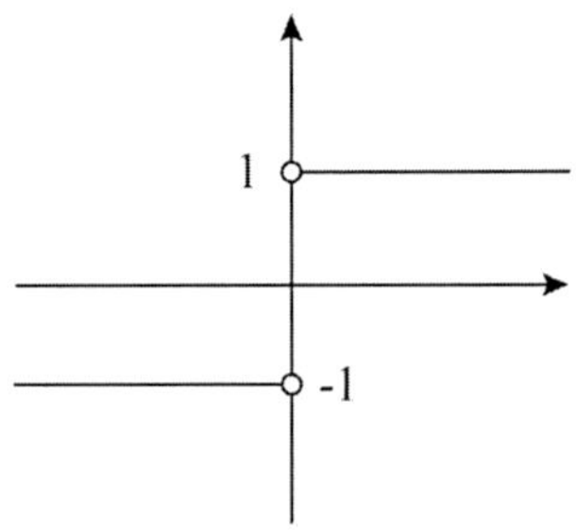

정 의

(일방)극한 One-sided Limit

$x > a$이고 $x \to a$일 때, $f(x) \to L$이면 $\lim\limits_{x \to a+} f(x) = L$이라 쓰고, L을 $x = a$에서의 f의 **(우)극한**이라 한다. 마찬가지로 $x < a$이고 $x \to a$일 때, $f(x) \to L$이면 $\lim\limits_{x \to a-} f(x) = L$이라 쓰고, L을 $x = a$에서의 f의 **(좌)극한**이라 한다.

정 의

[극한의 정의] Cauchy

좌, 우 극한이 각각 정의되고 일치하면 극한 $\lim_{x\to a} f(x) = L$은 정의되고, $\lim_{x\to a+} f(x) = L = \lim_{x\to a-} f(x)\ \left(= \lim_{x\to a} f(x)\right)$

예 제

함수 $g(x) = \dfrac{\sqrt{(x-1)^2}}{x^2-x}$에 대해서 $x=1$에서의 좌 극한값과 우 극한값을 구하여 보자.

풀이 $x>1$ 일 때, $g(x) = \dfrac{x-1}{x^2-x} = \dfrac{1}{x}$

$x<1$ 일 때, $g(x) = \dfrac{-x+1}{x^2-x} = -\dfrac{1}{x}$이므로 $\lim_{x\to 1+} g(x) = 1$, $\lim_{x\to 1-} g(x) = -1$

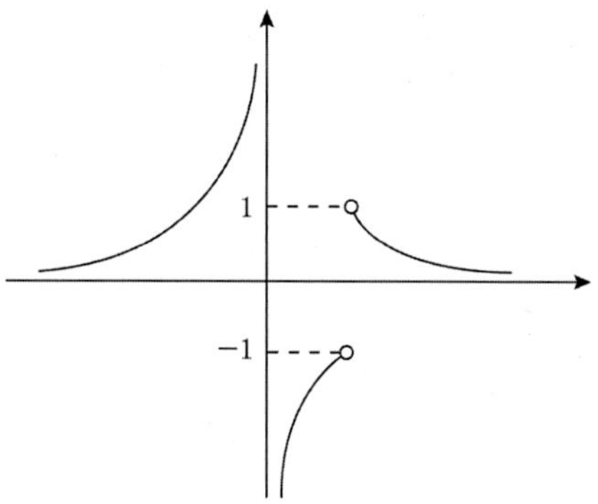

(수평) 점근선

$\lim_{x\to\infty} f(x) = L$ 또는 $\lim_{x\to-\infty} f(x) = M$ 과 같이 무한대에서 극한이 존재하는 경우 각각 그래프의 수평 점근선 $y=L$, $y=M$이 있게 된다.

예 제

$f(x) = \dfrac{1}{1+x^2}$의 그래프의 점근선을 구하자.

풀이 $\lim_{x\to\infty\pm} f(x) = 0$이므로 수평 점근선 $y=0$.

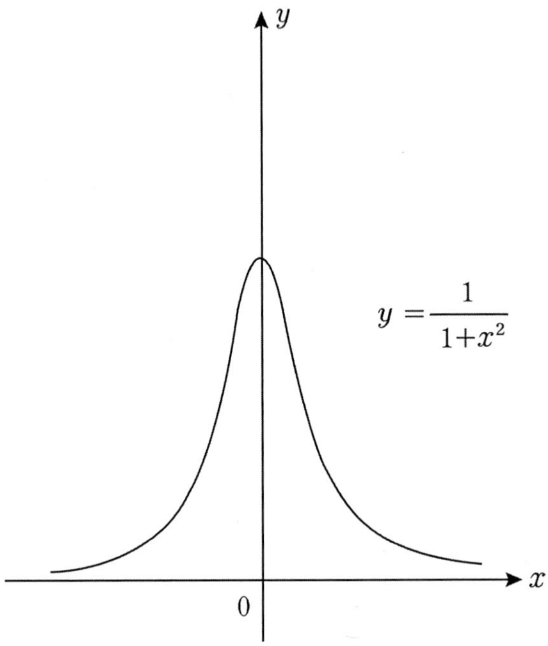

예 제

$f(x) = x\,sin\,\frac{1}{x}$의 그래프의 점근선을 구하자.

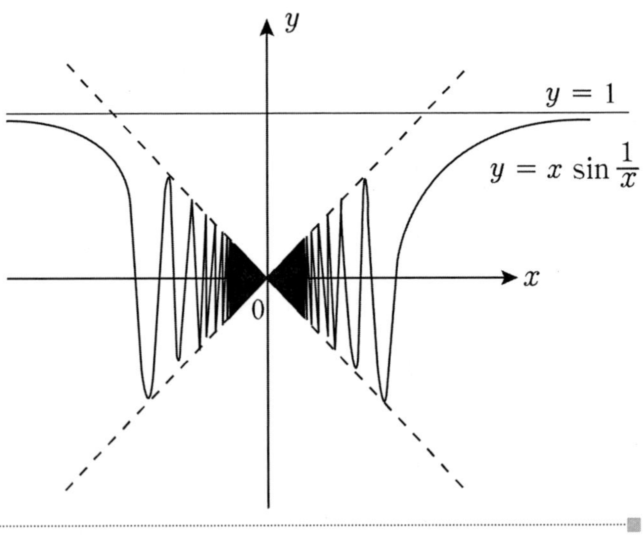

풀이 **[로피탈 정리]**에 따라

$$\lim_{x\to\infty} x\,sin\,\frac{1}{x} = 1$$

따라서 수평 점근선 $y = 1$.

3. 극값의 분류

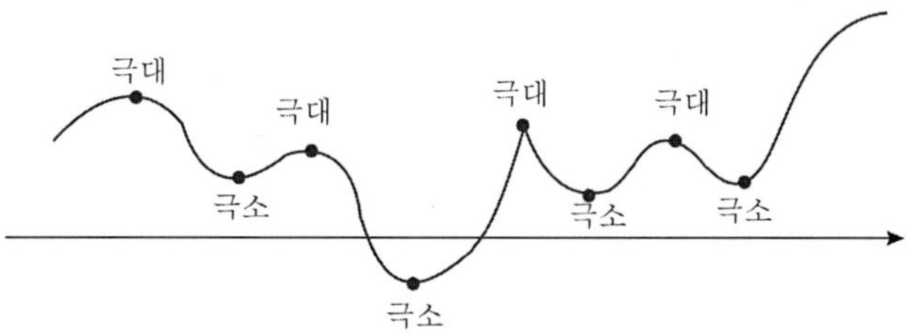

[평균값 정리]를 이용하면, 일차 도함수 $f'(c)$의 부호에 따라 $x = c$ 근방에서 함수 f의 국소적 local 증·감 상태가 결정됨을 알 수 있다. 따라서 극값의 판정법이 되는 것이다. 24) 우선, **근방**에 대한 수학적 정의가 필요하다.

정 의

$x = c$의 **근방** neighborhood

$$N_\delta(c) = \{x \mid |x - c| < \delta\}$$

(어떤 성질이 성립할 정도로) $\delta > 0$ 값이 **충분히 작은** 근방을 앞으로는 **(미소)근방**이라는 일상적인 표현을 쓰기로 하자.

정 의

(극값) $x = c$의 (미소)근방 내의 x에 대하여

$f(x) \geq f(c)$일 때 f는 $x = c$에서 극솟값 a local minimum

$f(x) \leq f(c)$일 때 f는 $x = c$에서 극댓값 a local maximum

을 가진다고 한다. 극댓값, 극솟값을 함께 **극값**이라 한다.

정리 (증가 · 감소 판정)

(1) $f'(c) > 0$ 일 때 f는 $x = c$의 (미소)근방에서 증가함수

(2) $f'(c) < 0$ 일 때 f는 $x = c$의 (미소)근방에서 감소함수

24) 수학적인 표현 "$x = c$의 (미소)근방에서~"의 일상적 표현은 "**국소적**($lacally$)으로~" 이다.

증명 (1) $f' > 0$이 되는 $x = c$의 **(미소)근방**이 존재하므로, 그 내의 $x_1 < x_2$에 대하여 다음 등식을 성립하는 d $(x_1 < d < x_2)$가 있어

$$f(x_2) - f(x_1) = f'(d)(x_2 - x_1)(> 0)$$

증명 (2)는 간단하므로 **연습으로 남긴다.**

정리

$x = c$에서 극값을 가지면, $f'(c) = 0$ 또는 정의되지 않는 경우이다.

증명 $f'(c)$가 정의되는 경우 $f'(c) \neq 0$라 가정하면, 즉 $f'(c) > 0$(또는 $f'(c) < 0$)라 하면, **[증가 · 감소 판정]**에 따라 $x = c$의 (미소)근방에서 증가(또는 감소)이므로, 극값을 가질 수 없으므로 모순이다.

정 의

$f'(c) = 0$인 점 c를 함수 f의 **임계점** a critical point이라 한다.

따라서 임계점은 **극값의 후보**가 되는 것으로 다음 [참고]와 같이 판정할 수 있다. [참고의 해설]은 **연습으로 남긴다.** (앞 정리의 증명 과정 참조)

[참고] f의 임계점 $x = c$에 대하여

(1) $x = c$의 미소(좌)근방에서 $f' > 0$, 미소(우)근방에서 $f' < 0$일 때 f는 $x = c$에서 **극댓값**을 가진다.

(2) $x = c$의 미소(좌)근방에서 $f' < 0$, 미소(우)근방에서 $f' > 0$일 때 f는 $x = c$에서 **극솟값**을 가진다.

정리 (극값의 분류) [25)]

$f'(x_0) = 0$인 f의 **임계점** x_0에 대하여

(1) $f''(x_0) > 0$이면, f는 $x = x_0$에서 극소

(2) $f''(x_0) < 0$이면, f는 $x = x_0$에서 극대

증명 (1) **(앞의 [참고]를 이용)** $f''(x_0) > 0$ 일 때, f'은 x_0의 (미소)근방 $(c-\delta, c+\delta)$에서 증가함수. 즉, $c-\delta < x_1 < x_0 < x_2 < c+\delta$에 대하여 $f'(x_1) < f'(x_0) < f'(x_2)$ 따라서 $(c-\delta, c)$에서 $f' < 0$, $(c, c+\delta)$에서 $f' > 0$이므로 극소.

(2)의 증명은 **연습으로 남긴다.**

함수의 오목·볼록

여기서는 구간 상의 곡선에 대하여 그 **접선과의 상·하 위치 관계**로 볼록함수를 정의한다. 다소 초보적인 정의이다.26)

정 의

(접선과 볼록함수) 구간 내의 각 점에서

(1) f가 접선 보다 위에 있으면, 곡선 f는 (아래로) 볼록 (*convex downward*)

(2) f가 접선 보다 아래에 있으면, 곡선 f는 (위로) 볼록

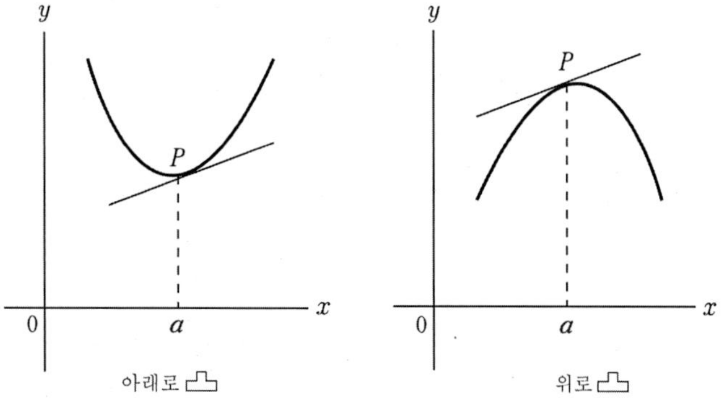

아래로 凸　　　　위로 凸

그래프로 보면 f의 그래프가 접선보다 위에 있으면 아래로 볼록임을 알 수 있는데, 이

25) 형식적 논증은 f의 Taylor **이차 전개식**을 이용하는 것이다. **(해석학 참조)**

26) **[참고]** $t \in (0,1)$, $x_1, x_2 \in I$에 대해 $f((1-t)x_1 + tx_2) \le (1-t)f(x_1) + tf(x_2)$ 일 때 함수 f는 I 상에서 볼록함수라 한다. **(해석적 정의)**

경우를 간단히 f를 **볼록함수** a convex function라고 한다.

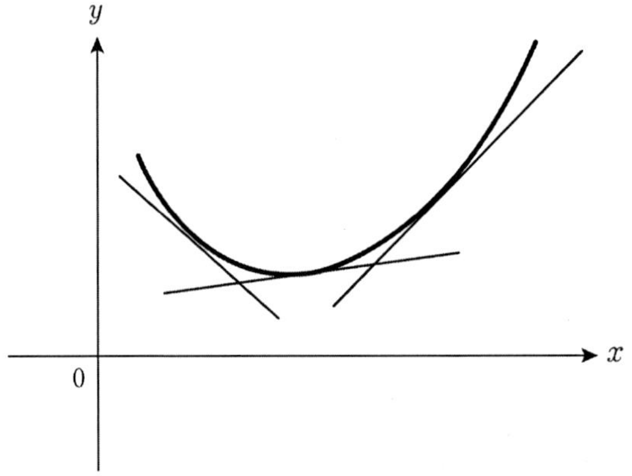

다음과 같은 정리가 있다.[27)]

정리

이급함수 f가 볼록함수일 필요충분조건은 주어진 구간 상에서 $f^{(2)} \geq 0$.

정 의

곡선의 오목, 볼록이 바뀌는 점을 **변곡점** a reflection point이라 한다.

따라서 앞 [정리]에 따르면, f''**의 부호가 바뀌는 점**은 f의 변곡점이다. 다음과 같다.

따름정리

$(c, f(c))$가 변곡점일 때, $f''(c)=0$ 또는 $f''(c)$가 정의되지 않는 경우가 있다.

27) 그 형식적 증명은 Taylor **이차 전개식**과 연속함수의 **부호 보존**을 이용한다. 그 논증은 해석학 수준이므로 여기서는 생략한다.

연습문제

• 오목 • 볼록

1. 방정식 $x^4 - x^2 + 4 = 0$의 실근의 개수를 구하라.

해답 근 없음.

2. 다음에 답하라.

(1) 함수 $f(x) = x^2 + ax + b$가 볼록한지 오목한지 정의에 따라 보여라.

해답 (아래로) 볼록.

(2) 이 때 상수 a, b에 따라 함수의 볼록성이 달라지는지 조사하라.

해답 달라지지 않음.

3. 다음에 답하라.

(1) $x > 0$ 인 범위에서 함수 $f(x) = x^p$는 볼록함을 보여라. 단 $p > 1$

(2) 부등식 $\left(\dfrac{a+b}{2}\right)^p \le \dfrac{a^p + b^p}{2}$임을 보여라. 단, $a, b > 0$, $p > 1$

해답 $f'' > 0$ 이므로 f는 (아래로)볼록

(3) $x > 0$인 범위에서 함수 $f(x) = x^p$는 오목임을 보여라. 단 $0 < p < 1$

• 임계점과 극값

4. 다음 함수의 증·감, 오목·볼록, 임계점, 극값을 조사하고, 그래프를 그려라.

(1) $f(x) = 12x^{\frac{1}{3}} + 3x^{\frac{4}{3}}$ (2) $f(x) = \dfrac{x^2+2}{x}$

(3) $f(x) = x^5 - 5x^2 + 3$ (4) $f(x) = \sqrt{x^2+1}$

해답 $x > 0$ 증가, $x < 0$ 감소, (아래로)볼록, 임계점 $x = 0$, 극값 1

5. 장경, 단경이 각각 a, b인 타원에 내접하는 최대 사각형의 넓이를 구하라.

해답 $\dfrac{ab}{2}$

6. 반경 r, 높이 h인 직원뿔에 내접하는 원기둥 중 부피가 가장 크게 되도록 h를 정하여라.

해답 $h = 3\times$(원기둥 높이)

7. $\lim_{x\to\infty} x\, sin\frac{1}{x}$ 을 구하라.

(힌트) $\frac{1}{x}=t$ 로 치환

Chapter 04 역함수 Inverse function

$$\int \frac{1}{1+x^2} = tan^{-1} x + C$$

1. 삼각함수의 역함수

삼각 치환 $x = tan\ \theta$을 이용하면

$$\int \frac{1}{1+x^2} = \theta + C\ .$$

여기서 $\theta = tan^{-1} x$로 역 삼각함수들을 나타내는 것이 편리하다. 삼각함수의 역함수들을 도입하고, 그 [미·적분 표]로 정리하여 계산을 보다 편리하게 해보자.

특히, 역함수를 나타내는 두 가지 표현에 대해 이해하도록 한다.

탄젠트 역함수 inverse tangent

탄젠트 함수를 정의역을 $\left(-\frac{\pi}{2}, \frac{\pi}{2}\right)$에 제한하면 증가함수이므로 그 역함수가 정의된다. 이것을 $y = tan^{-1} x$로 쓰고, 탄젠트 역함수라고 한다. 즉,

$$y = tan\, x,\ x \in \left(-\frac{\pi}{2}, \frac{\pi}{2}\right) \text{와} \quad y = tan^{-1} x,\ x \in (-\infty, \infty)$$

는 서로 역함수이고, 그 그래프는 다음과 같다.

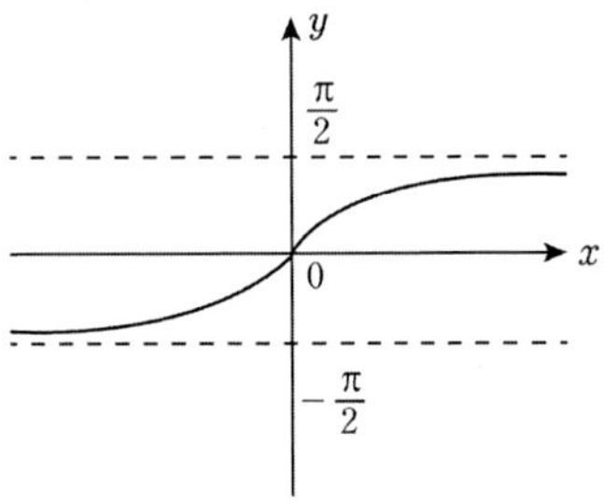

싸인 역함수 inverse sine

정의역을 $\left[-\frac{\pi}{2}, \frac{\pi}{2}\right]$로 제한하면 함수 $y = sin\ x$는 증가함수이므로, 그 역함수가 정의된다. 이것을 $y = sin^{-1}\ x$로 쓰고, **싸인 역함수**라고 한다. 즉,

$$y = sin\ x,\ x \in \left[-\frac{\pi}{2}, \frac{\pi}{2}\right]$$

$$y = sin^{-1}\ x,\ x \in [-1, 1]$$

는 서로 역함수이고, 그 그래프는 왼쪽과 같다.[28]

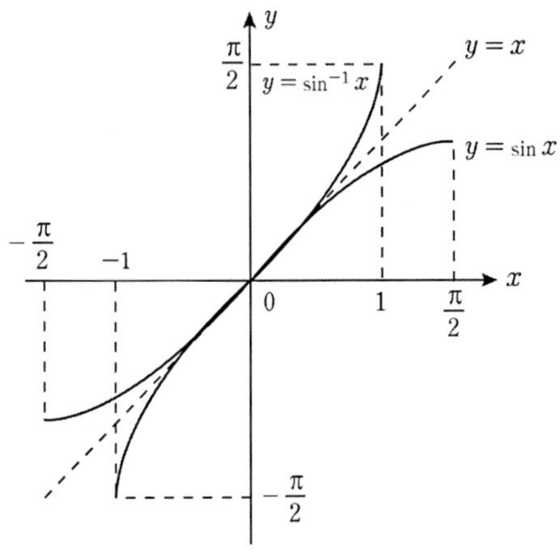

이를테면, 여기서는 $-\frac{\pi}{2} \le sin^{-1}\ x \le \frac{\pi}{2}$ 이므로, $sin^{-1}(\frac{1}{2}) = \frac{\pi}{6}$.[29]

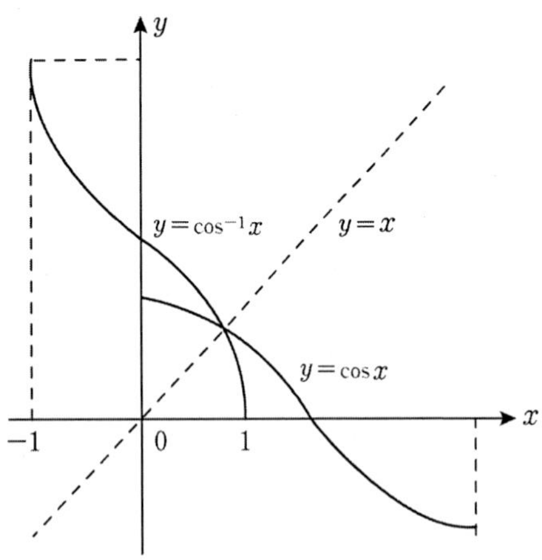

코사인 역함수

정의역을 $[0, \pi]$로 제한하면 함수 $y = cos\ x$는 감소함수이므로 그 역함수가 정의된다. 이것을 $y = cos^{-1}\ x$로 쓰고, **코사인 역함수**라고 한다. 즉,

$$y = cos\ x,\ x \in [0, \pi],\ y = cos^{-1}\ x,\ x \in [-1, 1]$$

는 서로 역함수이고, 그 그래프는 왼쪽과 같다.

---

28) **[주의]** $sin^{-1}x$는 $(sin\ \ x)^{-1}$와 전혀 다른 기호이다.

29) 일반각으로는 $sin^{-1}\left(\frac{1}{2}\right) = \frac{\pi}{6} + 2n\pi \quad (n = 0, \pm 1, \cdots)$. 앞으로는 특별한 언급이 없으면 $sin^{-1}\ x \in [-\frac{\pi}{2}, \frac{\pi}{2}]$로 **주치** principal value라 한다.

예 제

다음을 보이자.

$$\sin(\cos^{-1}x) = \sqrt{1-x^2},\ \cos(\sin^{-1}x) = \sqrt{1-x^2}$$

풀이 다음과 같이 **직각삼각형**을 그려 보면 편리하다.

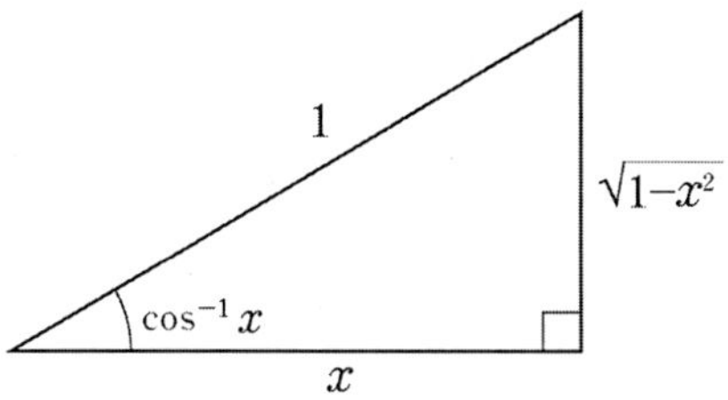

삼각함수의 역함수 미분

어떤 함수의 도함수는 그 역함수의 미분 계산으로부터 얻을 수 있다. 삼각함수의 역함수 미분도 각각의 삼각함수 미분으로부터 얻는다.

예 제

다음을 보이자.

$$\frac{d}{dx}(\tan^{-1}x) = \frac{1}{1+x^2}$$

풀이 $\tan(\tan^{-1}x) = x$로부터 $\sec^2(\tan^{-1}x)(\tan^{-1}x)' = 1$, 즉

$$\frac{d}{dx}(\tan^{-1}x) = \frac{1}{\sec^2 y} = \frac{1}{1+\tan^2 y} = \frac{1}{1+x^2}$$

직접적인 결과로서 다음과 같이 정리하여 두자.

따름 정리

$$\int \frac{1}{1+x^2}\,dx = \tan^{-1}x + C$$

예 제

다음을 보이자.

$$\frac{d}{dx}(sin^{-1}x) = \frac{1}{\sqrt{1-x^2}}$$

풀이 $sin(sin^{-1}x) = x$로부터 $cos(sin^{-1}x)(sin^{-1}x)' = 1$, 즉

$$\frac{d}{dx}(sin^{-1}x) = \frac{1}{cos\,(sin^{-1}x)}$$

그런데 $-\frac{\pi}{2} \le sin^{-1}x \le \frac{\pi}{2}$이므로 $cos(sin^{-1}x) \ge 0$. 따라서 (분모)

$$cos\,(sin^{-1}x) = +\sqrt{1-[\,sin(sin^{-1}x)]^2} = +\sqrt{1-x^2}$$

(삼각함수 역함수 미분표)

$$\frac{d}{dx}(sin^{-1}x) = \frac{1}{\sqrt{1-x^2}},\quad \frac{d}{dx}(cos^{-1}x) = \frac{-1}{\sqrt{1-x^2}},\quad \frac{d}{dx}(tan^{-1}x) = \frac{1}{1+x^2}$$

예 제

풍선이 관측 지점으로부터 100 m 지점에서 분당 20 m 속도로 상승하고 있다. 풍선 이 고도 50 m를 통과할 때 관측각의 증가율을 구하여 보자.

풀이 풍선고도를 y, 관측 각을 θ로 쓰면, 구하는 값은

$\left(\frac{d\theta}{dt}\right)_{y=50\,m}$ 그림에서

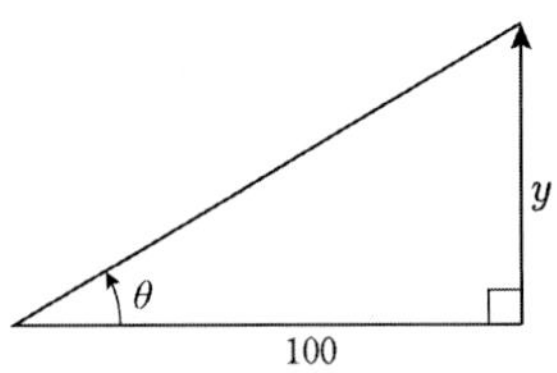

$\frac{y}{100} = tan\,\theta$, 즉 $\theta = tan^{-1}\left(\frac{y}{100}\right)$이므로

$$\frac{d\theta}{dt} = \frac{1}{1+\left(\frac{y}{100}\right)^2} \cdot \left(\frac{1}{100}\frac{dy}{dt}\right)$$

$$\left(\frac{d\theta}{dt}\right)_{y=50} = \frac{1}{1+\left(\frac{50}{100}\right)^2} \cdot \left(\frac{1}{100} \cdot 20\right) = 0.16\ (m/분)$$

연습문제

• 삼각함수 역함수

1. $\sin^{-1}x+\cos^{-1}x=\dfrac{\pi}{2}$ 임을 보여라.

2. $\tan^{-1}1+\cot^{-1}1=\dfrac{\pi}{2}$ 임을 보여라.

3. 다음 값을 구하라.

(1) $\sin\cos^{-1}\left(-\dfrac{1}{2}\right)$ 해답 $\dfrac{\sqrt{3}}{2}$

(2) $\tan^{-1}(\cos 0)$ 해답 $\dfrac{\pi}{4}$

4. 다음 함수를 미분하여라.

(1) $f(x)=ln(\tan^{-1}x)$ 해답 $\dfrac{\tan^{-1}x}{1+x^2}$

(2) $f(x)=\sqrt{c^2-x^2}+c\sin^{-1}\left(\dfrac{x}{c}\right)$ 해답 $\dfrac{-x}{\sqrt{c^2-x^2}}+\dfrac{1}{\sqrt{1-\left(\dfrac{x}{c}\right)^2}}$

5. (단위)원의 제 1상한 부분의 0 ~ x에 해당하는 면적은 $F(x)=\int_0^x\sqrt{1-t^2}\,dt$,

$0\le x\le 1$. 이것을 이용하여 구하려면, 단위원의 면적은 $4F(1)$ 이다.

(1) 앞의 적분을 하여 다음을 보여라.

$$F(x)=\frac{x}{2}\sqrt{1-x^2}+\frac{1}{2}arc\sin x$$

(2) 이 결과를 이용하여 단위원의 넓이는 π임을 보여라.

6. 미분을 이용하여 다음 **항등식** identity을 증명하시오

$$\tan^{-1}x+\cot^{-1}x=\frac{\pi}{2}$$

(힌트) $f'(x)=0,\ f(1)=\dfrac{\pi}{2}$

2. 쌍곡선 함수와 그 역함수

$$\int \frac{1}{\sqrt{1+x^2}}\,dx = sinh^{-1}x + C$$

삼각함수 trigonometric functions 와 그 역함수를 적분 치환에 삼각공식 trigonometric formulas 의 특징을 이용한 것처럼 쌍곡선 함수도 삼각공식과 유사한 공식들이 있어 적분 치환에 이용된다. 쌍곡선 함수들과 그 역함수들을 도입하고, 그 미·적분을 정리하여 보자. 다음과 같이 쌍곡선 함수를 정의하여 이용하기로 하자.

정 의

(쌍곡선 함수) 30)

$$cosh\ x = \frac{e^x + e^{-x}}{2}$$

$$sinh\ x = \frac{e^x - e^{-x}}{2} \quad \&$$

$$tanh\ x = \frac{e^x - e^{-x}}{e^x + e^{-x}}$$

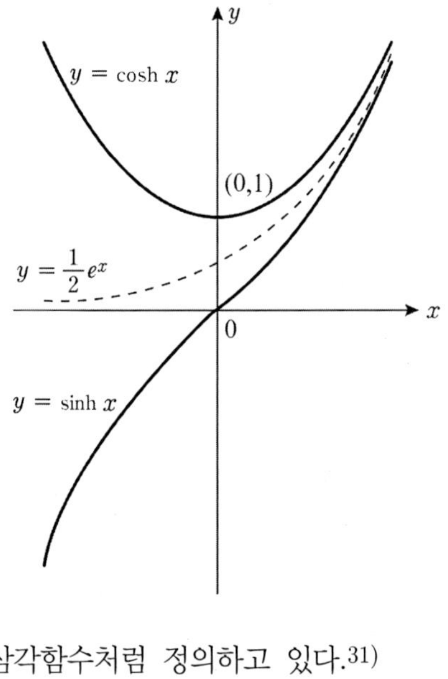

[주의] $tanh\ x = \dfrac{sinh\ x}{cosh\ x}$로 삼각함수처럼 정의하고 있다.31)

특히, $\lim_{x \to \pm\infty} tanh\ x = \pm 1$로 수평점근선 $y=1$과 $y=-1$이 나타난다.

30) hyperbolic cosine, hyperbolic sine, hyperbolic tangent라 읽는다.

31) 다음은 [삼각함수 정의]처럼 한다. $sech\ x = \dfrac{1}{cosh\ x}$, $csch\ x = \dfrac{1}{sinh\ x}$

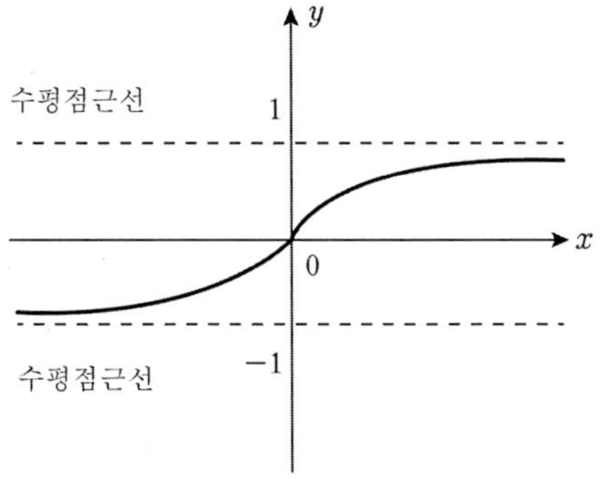

쌍곡선 함수들은 삼각공식과 유사한 공식이 성립하기 때문에 삼각함수와 비슷한 함수 기호를 사용하는 데, 실제로 지수 함수로 정의되고 있음을 주의한다. 실제 정의로부터 항등식

$$\cosh^2 x - \sinh^2 x = 1$$

을 알 수 있는데 $\cosh x = X$, $\sinh x = Y$라 나타내면 XY 좌표계에서는 쌍곡선 관계 $X^2 - Y^2 = 1$을 갖는다. 이는 hyperbolic functions(**쌍곡선 함수**)라는 **명칭의 배경**이 된다.

다음과 같은 항등식을 갖는다. 정의로부터 간단히 확인할 수 있다.

쌍곡선 함수 공식

$\cosh^2 x - \sinh^2 x = 1,\ 1 - \tanh^2 x = \operatorname{sech}^2 x$

삼각 함수와 유사한 특징을 가지도록 정의되고 있어, 그 결과로 삼각 공식과 형태가 비슷한 공식을 가지는 것을 알 수 있다. 쌍곡선 함수에 대한 여러 가지 항등식들에 대해서는 **연습으로 남긴다.**

마찬가지로 다음은 정의의 직접적인 결과이다.

따름 정리

(쌍곡선 함수 미분)

$(\sinh x)' = \cosh x$

$(\cosh x)' = \sinh x$ & $(\tanh x)' = \operatorname{sech}^2 x$

쌍곡선 함수의 역함수

(1) $y = sinh\ x$는 엄격한 단조증가이므로 그 역함수가 정의된다. 이것을 $y = sinh^{-1}\ x$로 나타낸다.

(2) $y = cosh\ x$는 편의상 $x \geq 0$로 제한하면 엄격한 단조증가이므로 그 역함수가 정의된다. 이것을 $y = cosh^{-1}\ x$로 나타낸다.

(3) $y = tanh\ x$는 엄격한 단조증가이므로 그 역함수가 정의된다. 이것을 $y = tanh^{-1}\ x$로 나타낸다.

각각의 그래프는 다음과 같다. 쌍곡선함수 역함수 계산은 **단원 끝에 다루기로 한다.**

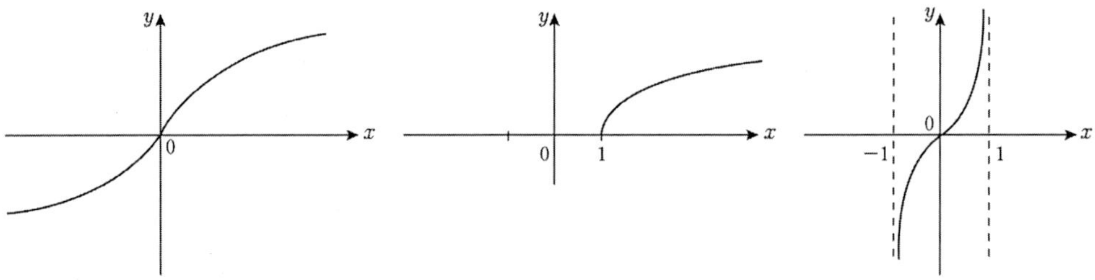

쌍곡선 함수의 역함수 미분

삼각함수처럼 쌍곡선함수들의 역함수도 공식을 이용한 [**치환 적분**]에 유용하므로, 쌍곡선 함수의 역함수들에 대하여 미·적분표로 정리한다.

정리 (쌍곡선 함수 역함수 미·적분)

(1) $\dfrac{d}{dx} cosh^{-1}x = \dfrac{1}{\sqrt{x^2-1}}$ $\Leftrightarrow$ $\displaystyle\int \dfrac{1}{\sqrt{x^2-1}}\,dx = cosh^{-1}\,x + C$

(2) $\dfrac{d}{dx} tanh^{-1}x = \dfrac{1}{1-x^2}$ $\displaystyle\int \dfrac{1}{1-x^2}dx = tanh^{-1}x + C$

(3) $\dfrac{d}{dx} sinh^{-1}x = \dfrac{1}{\sqrt{1+x^2}}$ $\displaystyle\int \dfrac{1}{\sqrt{1+x^2}}\,dx = sinh^{-1}x + C$

$y = cosh^{-1}\, x$의 도함수를 각각 다음과 같이 구하여보자.

쌍곡선 함수 역함수 미분

풀이 (1) 앞에서 배운 것처럼 역함수의 미분을 이용하기로 한다.
풀이 (2) 두 번째로는 직접 함수를 나타내고, 그로부터 도함수를 계산하자

풀이 (1) $cosh(cosh^{-1}x) = x$로부터 $sinh(cosh^{-1}x)\,(cosh^{-1}x)' = 1$

즉, $\dfrac{d}{dx}(cosh^{-1}x) = \dfrac{1}{sinh(cosh^{-1}x)}$

그런데 $y = cosh^{-1}x\,(\geq 1)$ 이므로 $sinh\ \ y > 0$. 따라서 (분모)

$sinh(cosh^{-1}x) = +\sqrt{[cosh(cosh^{-1}x)]^2 - 1} = \sqrt{x^2 - 1}$

역 쌍곡선함수들의 도함수를 구하기 위한 [두 번째 방법]은 쌍곡선함수의 역함수를 직접 나타내고, 그것을 계산하는 것이다. 이를테면, $cosh^{-1}\ x = log\left(x + \sqrt{x^2 - 1}\right)$ **(계산은 단원 끝 참조)**을 이용하기로 하자.

풀이 (2) 직접 미분하면

$$(cosh^{-1}\ x)' = [\ log\left(x + \sqrt{x^2 - 1}\right)]' = \frac{1}{x + \sqrt{x^2 - 1}}\left\{1 + \frac{1}{2\sqrt{x^2 - 1}}(2x)\right\}$$

$$= \frac{1}{\sqrt{x^2 - 1}}$$

단원을 마무리하기 위하여, 쌍곡선함수의 역함수를 계산하여 보자.

예 제

(쌍곡선 함수 역함수 계산)

$cosh^{-1}\ x = log\left(x + \sqrt{x^2 - 1}\right)$임을 보이자.

풀이 $y = cosh^{-1}\ x$로 두면 $x = cosh\ y = \dfrac{e^{y} + e^{-y}}{2}$. 정리하면

$$(e^y)^2 - 2x(e^y) + 1 = 0$$

로부터

$$e^y = x \pm \sqrt{x^2 - 1}$$

그런데 e^y (> 0)이므로 $e^y = x + \sqrt{x^2-1}$. 따라서

$$y = log\left(x + \sqrt{x^2-1}\right)$$

나머지 쌍곡선함수의 역함수들을 구하는 계산은 간단하므로 **연습으로 남긴다.**

쌍곡선 함수의 역함수

(1) $cosh^{-1}\ x = ln\left(x + \sqrt{x^2-1}\right)$

(2) $sinh^{-1}x = ln(x + \sqrt{x^2+1})$ & (3) $tanh^{-1}x = \frac{1}{2}ln(\frac{1+x}{1-x})$

연습문제

1. 다음을 보여라.

(1) $\frac{d}{dx}\ sinh^{-1}\ x = \frac{1}{\sqrt{x^2+1}}$

(2) $\frac{d}{dx}cosh^{-1}x = \frac{1}{\sqrt{x^2-1}}$ 단, $x > 1$

(3) $\frac{d}{dx}\ tanh^{-1}\ x = \frac{1}{1-x^2}$ 단, $-1 < x < 1$

2. $tanh^{-1}\ x = \frac{1}{2}ln\left(\frac{1+x}{1-x}\right)$임을 보여라. 단, $-1 < x < 1$.

3. 항등식 $tanh(x+y) = \frac{tanh\ x + tanh\ y}{1 + (tanh\ x)(tanh\ y)}$ 임을 보여라.

4. 다음을 미분하여라.

(1) $y = \frac{sinh\ x}{x}$ 해답 $\frac{x\cosh\ x - sinh\ x}{x^2}$

(2) $y = sinh(tanh^{-1} e^{2x})$ 해답 $cosh(tanh^{-1} e^{2x})\dfrac{2e^{2x}}{1-e^{4x}}$

5. 쌍곡선 함수의 성질 $cosh^2 t - sinh^2 t = 1$로부터 점 $P(t) = (cosh\, t, sinh\, t)$는 쌍곡선 $x^2 - y^2 = 1$상을 따라 움직이는 점이다. t시간이 경과하여 점 $P(t)$가 시점 $P(0) = (1, 0)$, 쌍곡선, 그리고 원점으로 둘러싸인 넓이 $A(t) = \dfrac{t}{2}$ 임을 보이자.

(힌트) $A'(t) = \dfrac{1}{2}$ $A(0) = 0$

(풀이) $A(t) = \dfrac{1}{2}cosh\, t \cdot sinh\, t - \displaystyle\int_1^{cosh\, t} \sqrt{x^2-1}\, dx$

로부터 $A'(t) = \dfrac{1}{2}$

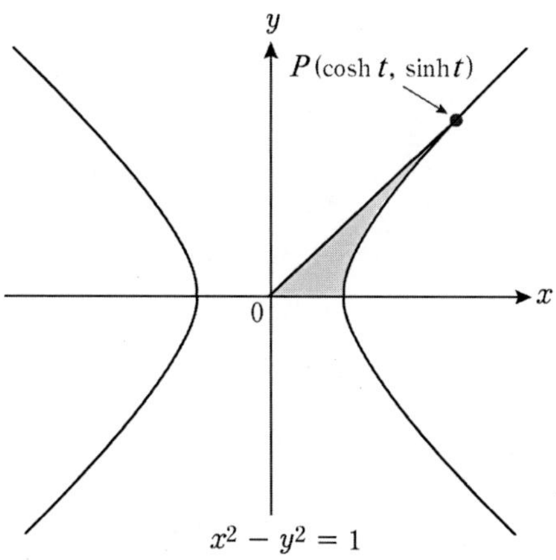

$x^2 - y^2 = 1$

Chapter 05 미분 방정식 Differential Equation

1. 미분방정식

어떤 함수에 대한 미분이 포함된 방정식을 통칭하여 **미분방정식** Differential Equation 이라 한다. 다음과 같은 미분방정식들은 간단한 풀잇법을 갖는 형태들이다. 이를테면, $y' = f(x)$는 가장 간단한 미분방정식이라 할 수 있다. 단지, 양변을 x에 대하여 적분하면, 그 해는 $y(x) = \int f(x)\,dx$로 부정적분을 계산하기만 하면 된다. 이와 같이 다음 형태로 정리되는 간단한 미분 방정식을 **변수 분리형** separable type이라 한다.

정 의

미분방정식 $y' = f(x, y)$를

$$g(x)\,dx = h(y)\,dy$$

형태로 쓸 수 있을 때, 주어진 미분방정식을 **변수 분리형**이라 한다.

이 경우는 각각의 부정적분으로 충분하다.

예 제

미분 방정식 $y' = 2y$를 풀어보자.

풀이 [변수 분리형]이므로

$$2\,dx = \frac{1}{y}\,dy$$

로 나타내고, 양변을 각각 적분하면

$$2x + C = log\ |y|$$

[참고] 임의의 해를 **(양)함수**로 나타내면, $y = Ce^{2x}$. 왜냐하면, $|y| = e^{2x+C} = e^C\ e^{2x}$, 즉 $y = (\pm e^C)e^{2x}$. 한편, $y(x) \equiv 0$인 경우 대입하면, 성립한다.[32] 따라서 **모든 해**는 $y = Ce^{2x}$ (C는 상수)

정 의

미분방정식의 해는 **정해지지 않는 상수**를 한 개 이상 포함하게 되는데, 이것을 **일반해** General Solution 이라 한다.[33]

미분방정식에서 y, y'에 대한 조건이 같이 주어지는 경우, 이것을 **초깃값 조건** initial condition 이라 하고, 초깃값 조건이 주어진 **초깃값 미분방정식** Initial Value Problem [IVP]이라 한다. 초깃값 조건으로 일반해의 상수가 결정되는데, 이것을 **특별해** particular solution라 한다.

이를테면, 앞의 예제에서 해는 C (임의 상수)를 포함하여 이에 따른 (지수)곡선 족으로 나타나게 되는데 [34], 초깃값 조건 $y(0) = 1$이 주어지면 $C = 1$이 되어, 결정된 특별해 $y = 1 \cdot e^{2x}$를 얻게 된다.

(상수 계수) 미분 방정식 풀이

응용에서 나타나는 대표적인 미분 방정식들은 **상수 계수**, **2계** 미분방정식이므로 간단히 그 풀이 방법을 소개하기로 한다.[35]

다음 예제와 같이 f의 최대 이차도함수까지를 포함하는 것을 **2계** second order 미분방정식이라 한다. 특히 계수가 모두 상수이기 때문에 다음과 같이 간단한 풀이를 갖는다.

예 제

$f'' + f' - 2f = 0$을 풀어 보자.

---

32) '**자명 해**' 또는 '무용 근' trivial solution이라고 한다.

33) 상수 C를 **파라미터** parameter(조변수)라 한다.

34) 파라미터가 포함된 곡선의 식은 **곡선 족** a family of curves을 나타내게 된다.

35) 뉴턴의 제 2 운동 법칙 $f = ma = m\,x''$ 로부터 자연스럽게 **2계** 미분방정식을 만나게 된다.

풀이 $f(x) = e^{mx}$ 형태의 해를 **추측하여 대입하면** (Guess & Try)

$$(m^2 + m - 2)e^{mx} = 0$$

따라서

$$m^2 + m - 2 = 0 \text{ , 즉 } (m-1)(m+2) = 0$$ [36]

이므로 이것을 만족하는 m의 값에 대한

$$f(x) = e^{-2x},\ f(x) = e^{x}$$

가 구하는 해이다. 그런데 c_1, c_2를 임의의 실수일 때

$$f(x) = c_1 e^{-2x} + c_2 e^{x}$$

형태의 해들은 대입해 보면, 모두 해가 됨을 알 수 있다.[37]

상수 계수 이계 미분 방정식의 모든 해는 실제로 앞과 같은 방식으로 나타난다. 이를테면, 상수계수 **2계** 미분방정식에서 일반해는 두 개의 파라미터 c_1, c_2를 포함하는 형태가 되고 **일반해**($General\ Solution$)라 한다.

2. 로지스틱 증가

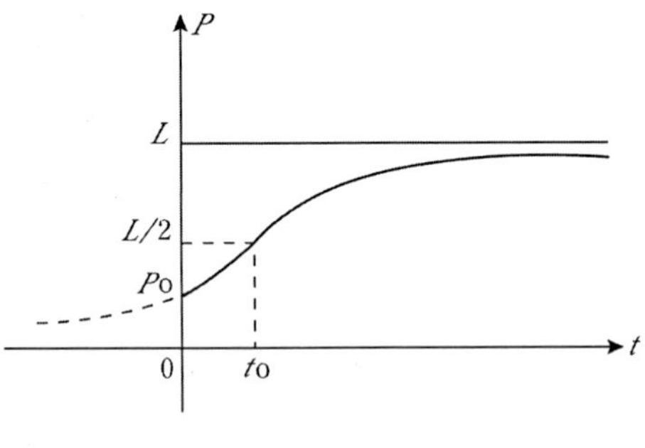

인구수 $P(t)$, $P' = kP(L-P)$

자연이나 사회의 가장 보편적인 현상은

"어떤 양의 변화량이 현재의 양에 비례"

하는 것을 알 수 있다. 이것은 간단한 미분방정식

$$y' = k\,y\,(k\text{는 비례상수})$$

형태로 나타나는 것이다. 여기서 $k > 0$ 인 경우는 기하급수적 증가, $k < 0$일 때는 기하급

---

36) **[미정계수법]**이라 할 수 있다. m에 대한 방정식을 **보조 방정식** Auxiliary equation 이라 한다.

37) 두 함수의 일차결합 형태이다. 선형(미분)방정식의 일반해는 일차독립인 해들의 일차결합 형태이다. 이를 **중첩의 원리** Superposition principle라 한다. **[참고문헌] 미분방정식** 참조.

수적 감소현상이다.

이를테면, 오븐에서 꺼낸 빵은 식기 시작하는데, 그 온도의 변화율은 단순히 현재의 온도에 비례하는 것이 아니라, 빵의 온도 $T(t)$는 **실내 온도** T_0**와의 차이**$(T-T_0)$**에 비례**[38] 하는 것을 알 수 있다. 즉, $T(t)$는 빵의 온도, T_0는 실내 상온일 때

$$T' = k(T-T_0)$$

가 성립한다. 단, 감소현상이므로 $k<0$이다. 우리는 실험 측정치 두 개로 비례상수 k값을 알아낼 수 있다.

인구의 증가를 예측하기 위한 모델은 좀 더 정교한 증가 현상을 나타내기 위한 것으로

$$P' = kP(L-P)$$

이다. 여기서

$P(t)$:인구(개체)수,[39]

L:수용한계(인구수)[40]

를 나타낸다. 즉, 인구 증가율은 단지 현재 인구수에 비례하는 것이 아니라, 실제로는 수용한계 인구수에 가까워질수록, $(L-P) \to 0$가 되어 증가율이 급격히 둔화된다. 그 해의 그래프를 보면 수용한계 인구수를 점근선으로 하는 $S-$**자 형태의 곡선**을 그리는데, 이것을 **로지스틱 곡선** Logistic curve 이라 한다. **(앞 그림 참조.)**

이와 같이 증·감 현상을 다룰 때 실제 현상에 알 맞는 수학적 모델을 찾아야하는 것이다. 앞의 예는 **기하급수적 증·감**, 후자는 **로지스틱 증가**라 한다. 그 수학적 모델은 미분을 포함하는 등식, 즉 미분 방정식들로 나타나는데, 구하고자 하는 미지수(해)는 등식을 만족하게 되는 함수이다.

베르헐스트의 인구 모형 –Verhulst

1840년경 벨기에 생물 수학자 **베르헐스트** Verhulst 는 여러 지방의 인구수를 예측하기 위한

---

38) 뉴턴의 냉각 법칙 Newton's Cooling Law

39) P는 인구(개체)수 Population의 앞 글자.

40) 특정 도시가 여러 가지 환경적 여건으로 허용할 수 있는 한계 인구수를 뜻한다.

방정식에 대하여 연구하였다. 자연현상에 자주 나타나는 정규분포 normal distribution 곡선과 마찬가지로 매우 특징적인 로지스틱 logistic 곡선 모델을 소개할 목적으로 여기서는 그 연속 모델을 소개하기로 한다.

맬서스 Malthus 법칙에 따르면 인구 $P(t)$의 시간적 변화율은 기하급수적 증가의 모델인

$$\frac{dP}{dt} = kP$$

로 표현된다. 그러나 그 집단 자체가 클 때, 이것은 정확한 모델이 되지 못한다.

도시 과밀화조건은 생태 환경 이를테면, 공해, 연료, 식량의 문제를 발생시키므로 개체수 변화에 영향을 주게 된다. 한 도시가 제공하는 환경적 요인의 한계성으로 인하여 인구성장은 억제되는 효과가 나타난다. **베르헐스트**는 인구를 예측할 수 있는 모델에 관심을 가지고 연구하여 정교한 예측 모델은 다음과 같음을 알았다.

$$(\text{평균 탄생률}) = a$$
$$(\text{평균 사망률}) = bP, \quad b > 0$$

의 차 $\dfrac{P'}{P}$, 즉(개인당 증가율)이 된다는 것이다.

$$(\text{개인당 증가율}) = (\text{평균 탄생률}) - (\text{평균 사망률})$$

정리하면 미분방정식 $\dfrac{dP}{dt} = P(a - bP)$를 얻는다. 또, 기준 시점에 인구수를 측정하면 초깃값 조건 $P(0) = P_0$를 얻는다.

예제

(인구 증가 모델) 초깃값 미분방정식

$$\frac{dP}{dt} = P(a - bP), \quad P(0) = P_0$$

을 풀어 보자. 단, $a, b > 0$상수.

풀이 **[변수 분리형]**으로 다음과 같이 쓸 수 있다.

$$\left(\frac{1}{a}\frac{1}{P}+\frac{b}{a}\frac{1}{a-bP}\right)dP=dt$$

각각 적분하면

$$\frac{1}{a}log\,|P|+\frac{b}{a}\left(-\frac{1}{b}log\,|a-bP|\right)=t+C$$

즉,

$$log\left|\frac{P}{a-bP}\right|=at+aC$$

따라서

$$\left|\frac{P}{a-bP}\right|=\;e^{aC}\,e^{at}$$

즉,

$$\frac{P}{a-bP}=(\pm\,e^{aC})\,e^{at}=\,C_1e^{at}$$

정리하면 일반해

$$P(t)=\frac{a\,C_1e^{at}}{1+bC_1e^{at}}=\frac{a\,C_1}{b\,C_1+e^{-at}}\qquad\cdots①$$

초깃값 $P(0)=P_0$을 대입하면 $C_1=\dfrac{P_0}{a-bP_0}$. 따라서 **[초깃값 문제]의 특별 해는**

$$P(t)=\frac{aP_0}{bP_0+(a-bP_0)e^{-at}}\qquad\cdots②$$ [41]

이를테면, 시간 t 단위를 (월)단위로 할 때 $a=10^{-1}$, $b=10^{-7}$ 그리고 $P_0=5{,}000$ 일 때, 특별 해는

$$P(t)=\frac{10^{-1}(5000)}{10^{-7}(5000)+(10^{-1}-10^{-7}(5000))\,e^{-\frac{t}{10}}}$$

따라서 그 경우 **인구수의 극한값**은

41) 곡선의 그래프 개형은 단원 앞 그림 참조.

$$\lim_{t\to\infty} P(t) = \frac{10^{-1}(5000)}{10^{-7}(5000)} = 10^6$$

[참고] 이 값은 그 도시의 포화 상태 인구수로, 도시 인구 **수용 한계**라고 한다. 이 예측이 정확한 모델이라면, 이를테면 수용 한계 값의 절반이 되는 시점도 계산으로 예측할 수 있게 된다.

3. 단조화 운동 a simple harmonic motion

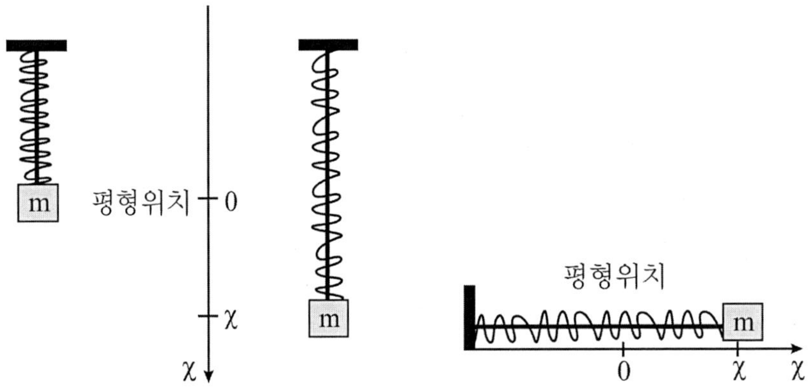

물체가 같은 경로를 전후로 되풀이하여 운동할 때, 그 물체는 진동(振動)하고 있다고 한다. 가장 간단한 예로는 용수철 끝에 딸린 물체는 **변위**(變位) displacement에 비례하여 평형(平衡) 위치로 되돌아가려는 힘, 즉 **복원력**(復原力) restoring force 작용에 따른 물체의 진동이다. 일차원적인 운동으로 x축 방향 운동일 때 복원력은

$$F(x) = -kx$$

로 주어진다. 단, $k > 0$는 비례상수이다.[42)]

용수철의 변위에 비례하는 힘의 법칙은 1676년 영국의 후크($R. Hooke$, 1635 ~ 1703)

---

42) **비례상수**는 용수철의 특성에 달린 것으로 변위 측정으로 결정된다.

에 의하여 발견된 것이므로 **후크의 법칙**이라 한다.

"앞의 식에서 $k>0$이어서 $x>0$일 때 $F<0$이고, $x<0$일 때 $F>0$ "

로 힘이 거리에 비례하면서 작용되고 있다.

이 힘을 받는 질량 m인 물체의 운동방정식은

$$m\frac{d^2x}{dt^2}=-kx$$

여기서 $\omega=\sqrt{\frac{k}{m}}$ 로 쓰면

$$\frac{d^2x}{dt^2}=-\omega^2 x \qquad \cdots(1)$$

이 운동방정식은 **상수계수 미분방정식 풀잇법**에 따라 $x(t)=e^{\lambda t}$를 시도해보면

$$\lambda^2+\omega^2=0, \quad \text{즉 } \lambda=\pm i\omega$$

로 구하는 해는 $x(t)=e^{\pm i\omega t}$(복소수 함수). 그런데 오일러 Euler 공식에 따라 $e^{(\pm i\omega)t}=cos(\omega t)\pm i\ sin(\omega t)$ 로 부터 $cos(\omega t)$, $sin(\omega t)$는 주어진 방정식 (1)의 (실) 함수해가 되는 것을 알 수 있다. 따라서 2계 선형 미분방정식의 **일반해**는 두 개의 파라미터 parameters c_1, c_2 를 포함하는 다음 형태로 나타난다.

$$x(t)=c_1\ cos(\omega t)+c_2\ sin(\omega t)$$

즉, 용수철은 코사인 파동과 사인 파동의 **중첩 파**의 형태로 진동함을 알 수 있다.

[참고] 삼각공식을 사용하여 $x(t)=A\,sin(\omega t+\delta)$ 꼴로 나타내면, 여기서

$A\left(=\sqrt{c_1{}^2+c_2{}^2}\right)$는 진폭(振幅), ω는 角진동수,
$\omega t+\delta$ 는 위상(位相), (δ는 초기 위상)

을 나타내고, 삼각함수로 나타나는 진동을 **단조화(單調和) 운동** simple harmonic motion 이라 한다. $\delta=0$일 때, 그 그래프는 그림과 같다.

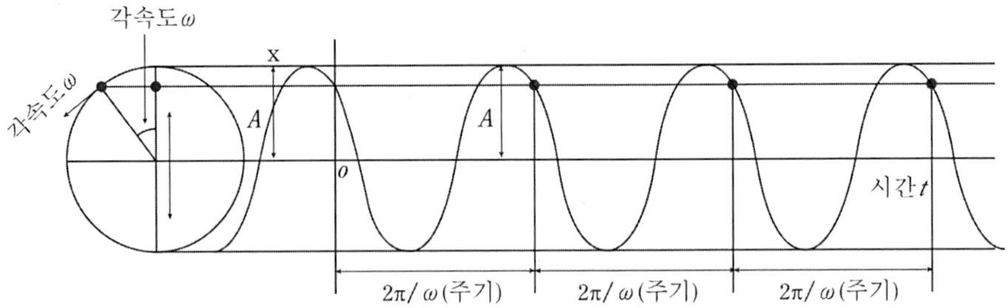

연습문제

• 미분방정식

1. 미분방정식 $\frac{dx}{dt}=t\,x^2$를 풀어라.

해답 $t^2=-\frac{2}{x}+C$

2. $\frac{dx}{dt}=2x-14,\ x(0)=1$의 해를 구하라.

해답 $x(t)=7-6e^{2t}$

3. 어떤 양을 나타내는 함수 $f(t)$가 기하급수적 증가 또는 감소한다. $f(1)=9,\ f(4)=3$일 때, $f(t)=1$인 시간을 구하라

해답 $t=7$

4. 로지스틱 방정식 $\frac{dP}{dt}=(1-P)P$를 풀어라.

5. 어느 마을에 총 인구수는 1980년에 6,000명, 1990년에 10,000명, 2000년에 15,000명이었다. 로지스틱 방정식을 이용하여 2010년의 인구수를 예측하여 보아라.
(힌트) 1000명을 단위로 간단히 한다.

해답 20,000명

6. $y'' - y' - 6y = 0$의 일반해를 구하라.

해답 $c_1 e^{3t} + c_2 e^{-2t}$

7. $x''(t) = -2x(t)$의 일반해를 구하라.

8. 미분방정식의 해를 구하라.

(1) $y'' - y = 0, \quad y(0) = y'(0) = 1$

(2) $y'' + 3y' - 4y = 0, \quad y(0) = y'(0) = 0$

해답 $y = 0$

9. 다음 초깃값 미분방정식의 해는 $A(t) = a$임을 보여라.

> **초깃값 미분방정식 [IVP]**
>
> $$A'(t) = A(t), \ A(0) = a$$

10. 쌍곡선 족 $x^2 - y^2 = c$의 **직교궤적**(orthogonal trajectories)은 타원 족임을 보여라.43)

(힌트) $\left(\frac{dy}{dx}\right)_{직교궤적} = -\frac{1}{\left(\frac{dy}{dx}\right)_{쌍곡선족}}$

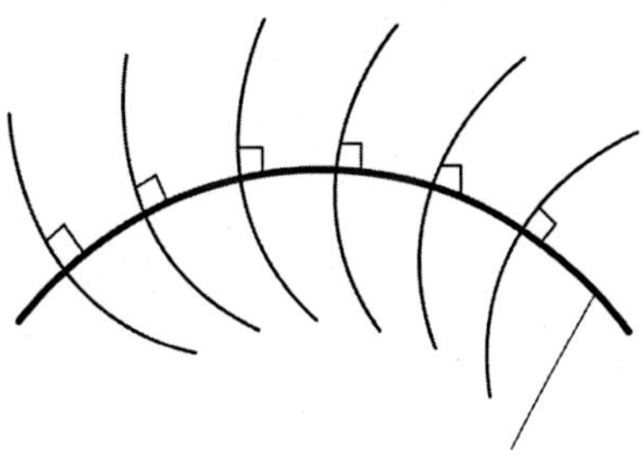

---

43) **[정의]** 주어진 곡선에 항상 직교하는 곡선을 **직교궤적**이라 한다. 파라미터가 포함된 곡선의 식은 **곡선족** a family of curves을 나타내게 된다.

제2부

적분

Chapter 06 적분

1. 리만 합 Riemann sum

부정적분은 주어진 함수의 원시함수, 즉 $F' = f$로 단순하게 정의되지만, 정적분 a definite integral 의 정의는 **리만 합**이라는 합(양의 곡선인 경우 둘러싸인 직사각형들의 넓이 합)의 극한이라는 과정을 거쳐 정의되는 것이다. 그런데 기호로

$$\text{부정적분은} \int f, \text{ 정적분은} \int_a^b f$$

로 형태적 차이는 적분 구간의 표시가 없느냐, 있느냐 하는 것이다. 정의 과정이 다르지만 유사한 기호로 나타내는 이유는 **부정적분과 정적분 사이의 관계**가 매우 밀접한 관계가 있기 때문이다. 미·적분의 기본정리 단원을 참조하라.

다음은 닫힌 구간 상의 연속함수에 대한 정적분 존재 정리로 고등학교 수학에서는 정적분의 정의처럼 사용하고 있는데, 닫힌 구간 상의 연속 곡선으로 둘러싸인 리만 합의 유한성을 직관적으로 이해하고 있다.

정리 (정적분 : 리만 합의 극한)

연속함수 $y = f(x)$가 닫힌 구간 $[a, b]$ 상에서 주어져 있을 때 분할

$$P: (a =) x_0 < x_1 < x_2 < \cdots < x_k < x_{k+1} < \cdots < x_n (= b)$$

에 대하여, 부분 합 **(리만 합)** $\sum_{k=0}^{n-1} f(c_k) \, \Delta x_k$**의 극한**은 존재하고, 그 값을 기호로

$$\int_a^b f(x) \, dx$$

로 쓰고, 함수 f**의 정적분** 이라고 한다.44)

44) **[부록] 적분가능성**을 참조한다.

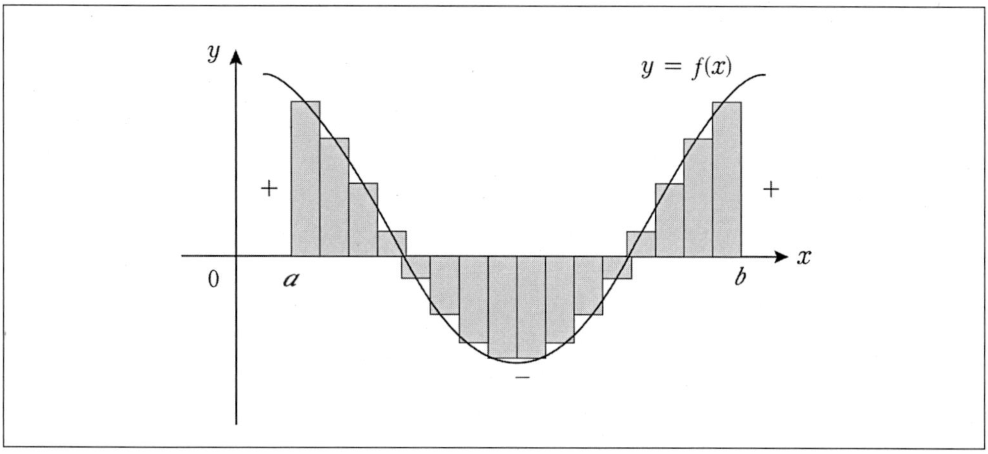

여기서

c_k는 k 번째 소 구간 $[x_k, x_{k+1}]$의 임의의 점[45)]

$\Delta x_k = x_{k+1} - x_k$ 소 구간$[x_k, x_{k+1}]$의 길이

을 나타내는 것이다. 위 정의에서 도입한 정적분 기호

$$\int_a^b f(x)\,dx$$

에서

a를 **(적분)하한**, b를 **(적분)상한**, $f(x)$를 **피적분 함수**(integrand)

라 한다.

정적분을 나타내는 무한 합

$$\lim_{n\to\infty}\sum_{k=1}^{n} f\left(\frac{k}{n}\right)\left(\frac{1}{n}\right) = \int_0^1 f(x)\,dx$$

증명 구간 [0, 1]의 n등분하여, 소구간의 길이는 모두 $\Delta x_k = \dfrac{1}{n}$, 이고 소 구간에서 함숫값은 $f(c_k) = f\left(\dfrac{k}{n}\right)$으로, 각 소구간의 끝점 $\dfrac{k}{n}$ $(k = 1, 2, \cdots)$에서의 값이므로,

---

45) [구분구적법]을 생각하여 $c_k = x_k$ (또는 x_{k+1})로 정적분을 정의하기도 한다.

정적분을 나타내는 극한이다.

예제

$\lim_{n\to\infty}\frac{\sqrt{n+1}+\sqrt{n+2}+\cdots+\sqrt{2n}}{\sqrt{1}+\sqrt{2}+\cdots+\sqrt{n}}$의 값을 구하자.

풀이 (주어진 식) $=\frac{\lim_{n\to\infty}\sum_{k=1}^{n}\sqrt{n+k}}{\lim_{n\to\infty}\sum_{k=1}^{n}\sqrt{k}}=\frac{\lim_{n\to\infty}\sum_{k=1}^{n}\sqrt{1+\frac{k}{n}}\frac{1}{n}}{\lim_{n\to\infty}\sum_{k=1}^{n}\sqrt{\frac{k}{n}}\frac{1}{n}}$

$$=\frac{\int_0^1\sqrt{1+x}\,dx}{\int_0^1\sqrt{x}\,dx}=2\sqrt{2}-1$$

(대표적) 적분가능 함수 integrable functions

(1) 닫힌 구간상의 연속함수

닫힌 구간 상의 연속함수는 정적분 definite integral이 정의된다(**논증은 해석학 도서 참조**). 따라서 닫힌 구간 상의 연속함수는 **적분 가능** integrable이다. **[적분가능성 정의]**는 단원 끝 **[부록]**으로 다루기로 한다.[46)]

연속함수는 아니지만 적분에서 본질적으로 연속함수와 같은 성질을 갖는 함수에 대하여 자주 다루게 된다. 이를테면, **구분적 연속** piecewise continuous [PC] **함수**로 그 그래프가 조각별로 연속성을 가지는 함수이다. 따라서 닫힌 구간에 제한한 적분은 다음과 같이(**유한 개의) 정적분의 합**이 되어 적분가능하게 된다.

46) **[참고] 미분가능성 정의**는 단순하나, **적분가능성 정의**는 수학 용어, 기호, 그리고 과정이 필요한 수학 개념임을 알 수 있다. **[부록] 적분가능성** 참조.

(2) 닫힌 구간 상의 구분적 연속함수

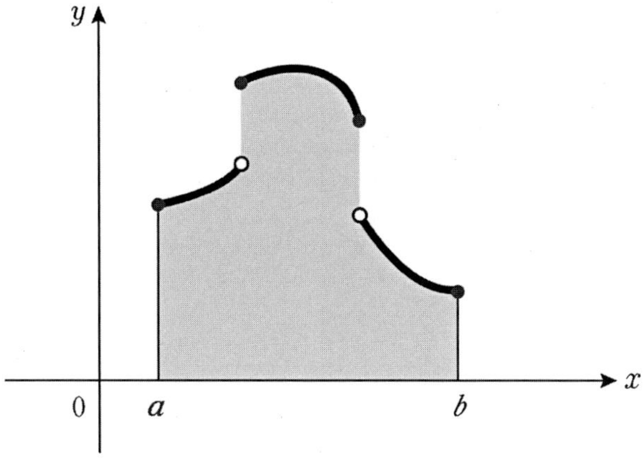

함수 $f(x)$가 구간 $[a,b]$ 상에서 **구분적 연속함수**라 하자. 이 때, $a_1,a_2,\cdots,a_n$ 을 불연속점이라 하면 $a_0 = a\,,\, a_{n+1} = b$로 하여

$$\int_a^b f(x)\,dx = \sum_{k=0}^{n} \int_{a_k}^{a_{k+1}} f(x)\,dx$$

로 쓸 수 있다. 따라서 구분적 연속함수는 **닫힌 구간** 위에서 **적분가능** integrable 함수이다.

정 의

(구분적 연속 [PC])[47)]

(1) 기껏해야 유한개의 점에서 불연속이고,

(2) 각 불연속점에서는 (좌)극한, (우)극한이 각각 존재 하는 함수를 **구분적 연속**이라 한다.

---

47) $J_f(a) = f(a+) - f(a-)$를 함수 f의 a에서의 **점프 a jump**라고 한다. 구분적 연속함수는 불연속점 a에서 우, 좌 극한이 각각 존재하므로 점프는 유한 값이다. 구분적 연속함수는 점프가 **기껏해야** 유한번인 함수이다.

정 의

적당한 양수 $M>0$ 이 존재하여 $|f| \le M$일 때, 함수 f가 **유계** bounded라 한다.

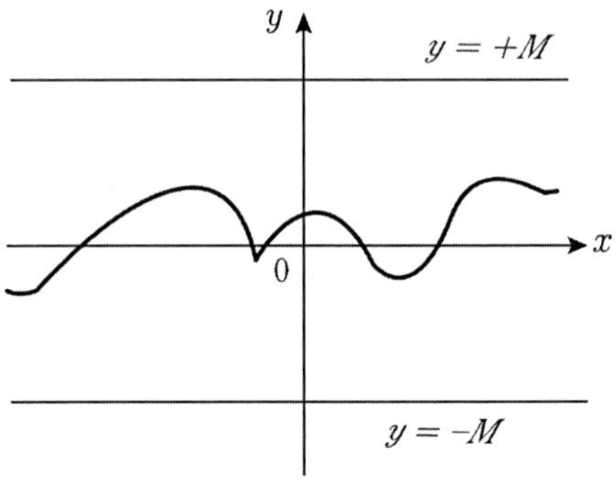

참고 함수가 **유계**이면, 그 그래프가 x축에 평행한 두 직선 $y=M$ 과 $y=-M$ 사이에 있는 함수이다. **구분적 연속함수**는 닫힌 구간 $[a,b]$상에 제한하면 함수는 **유계**이다 bounded.
[주의] 닫힌 구간 상의 함수가 **유계**일 때 적분가능을 보장하지는 않는다.(**[부록]** 참조)

연습문제

1. 다음 극한값을 각각 정적분 기호를 이용하여 나타내어라.

(1) $\lim\limits_{n\to\infty} \sum\limits_{k=1}^{n} \dfrac{k}{n^2+k^2}$

(2) $\lim\limits_{n\to\infty} \sum\limits_{k=1}^{n} \dfrac{\sqrt{k}}{n\sqrt{n}}$ 해답 $\int_0^1 \sqrt{x}\, dx$

(3) $\lim\limits_{n\to\infty} \left(\dfrac{1}{\sqrt{n^2+n}} + \dfrac{1}{\sqrt{n^2+2n}} + \cdots + \dfrac{1}{\sqrt{2n^2}} \right)$

(4) $\lim\limits_{n\to\infty} \dfrac{\sqrt{n+1}+\sqrt{n+2}+\cdots+\sqrt{2n}}{\sqrt{1}+\sqrt{2}+\cdots+\sqrt{n}}$ 해답 $\dfrac{\int_0^1 \sqrt{1+x}}{\int_0^1 \sqrt{x}}$

(5) $\lim\limits_{n\to\infty} \left(\dfrac{1}{n} + \dfrac{n}{n^2+1^2} + \dfrac{n}{n^2+2^2} + \cdots + \dfrac{n}{n^2+(n-1)^2} \right)$ 해답 $\int_0^1 \dfrac{1}{1+x^2}$

2. 함수 f가 구간 $[0,1]$에서 증가함수일 때, 다음을 보여라.

$$\frac{1}{n}\sum_{k=1}^{n} f(\frac{k}{n}) - \int_0^1 f(x)dx \le \frac{f(1)-f(0)}{n}$$

2. 적분 정리들

자주 사용되는 정적분의 성질들을 정리하고, 적분의 특징을 갖는 부류의 함수, 즉 주기함수, 우(기)함수들에 대한 정적분 성질을 정리하자.

정리

$f(x)$가 구간 $[a,b]$에서 적분가능일 때

(1) 임의의 $x \in [a,b]$에 대하여 $m \le f(x) \le M$ 이면,

$$m(b-a) \le \int_a^b f(x)\,dx \le M(b-a)$$

(2) 임의의 $x \in [a,b]$에 대하여 $|f(x)| \le M$ 이면,

$$\left|\int_a^b f(x)\,dx\right| \le M(b-a)$$

증명 (1) **(같은 형태의 논증이 되므로 한 쪽만 보이기로 한다.)**

임의의 $x \in [a,b]$에 대하여 $M - f(x) \ge 0$. 따라서

$$\int_a^b (M - f(x))\,dx \ge 0$$

즉, $\int_a^b f(x)\,dx \le M \int_a^b 1\,dx$.

증명 (2) 임의의 $x \in [a,b]$에 대하여 $-M \le f(x) \le M$이므로

$$-[M(b-a)] \le \int_a^b f(x)\,dx \le [M(b-a)]$$

정리

$f(x)$가 구간 $[a,b]$에서 적분가능일 때

$$\left|\int_a^b f(x)\,dx\right| \le \int_a^b |f(x)|\,dx$$

증명 임의의 $x \in [a,b]$에 대하여 $|f(x)| \pm f(x) \geq 0$은 자명하다. 따라서

$$\int_a^b (|f(x)| \pm f(x))\, dx \geq 0$$

즉,

$$\mp \int_a^b f(x)\, dx \leq \int_a^b |f(x)|\, dx$$

따라서 다음과 같이 적분의 상한, 하한이 바뀐 경우 자명하다.

정리

함수 $f(x)$가 구간 $[a,b]$에서 적분 가능할 때

$$\left| \int_a^b f(x)\, dx \right| \leq \int_a^b |f(x)|\, dx$$

증명 앞의 증명 과정에서 $\mp \int_a^b f(x)\, dx \leq \int_a^b |f(x)|\, dx$

따라서 $\pm \int_b^a f(x)\, dx \leq \int_a^b |f(x)|\, dx$.

함수 평균값

앞에서 배운 [평균값 정리]의 다른 형태가 아래의 [함수 평균값]에 대한 정리이다. (**연습문제** 참조).

정리 (함수 평균값 정리) 48)

f가 구간 $[a,b]$에서 연속이면, $c \in [a,b]$가 존재하여

$$\frac{1}{b-a} \int_a^b f(x)\, dx = f(c)$$

48) **[함수 평균값 정리]**도 미적분학에서 기본적인 정리이다. [미·적분 제1 기본정리]의 증명 과정을 참조.

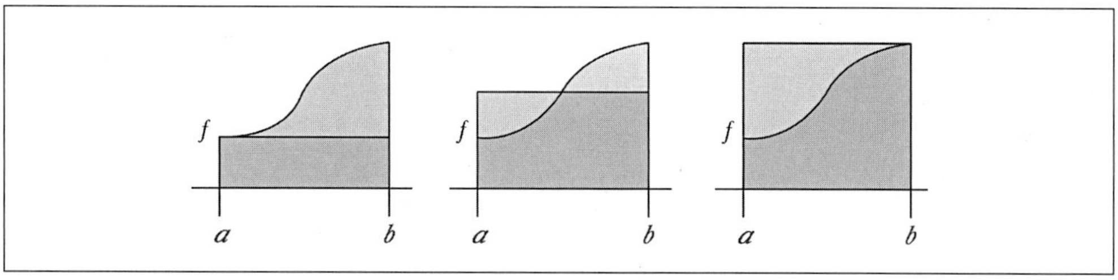

[함수평균값 정리] 해설

$\int_a^b f(x)\,dx = (b-a)f(c)$형태로 고쳐 써 보면, $f>0$(양의 곡선)인 경우 **(좌변)**은 곡선의 아래 넓이를 나타내므로 같은 넓이를 가지는 어떤 직사각형을 생각할 수 있어 **(우변)**과 같이 쓸 수 있다.

참고 우리는 정리 명칭의 배경에 대해 설명하기로 한다.

정 의

$\frac{1}{b-a}\int_a^b f(x)\,dx$ 를 **함수 f의 평균값**이라 한다.

[정의]에 대한 해설

구간의 각 등분점 $x_k = a + k \cdot \frac{b-a}{n}$에 대한

$$
\begin{aligned}
(\text{함수의 평균값}) &= \frac{f(x_1)+f(x_2)+\cdots+f(x_n)}{n} \\
&= \frac{1}{n}\sum_{k=1}^{n} f(x_k) = \frac{1}{b-a}\sum_{k=1}^{n} f(x_k)\left(\frac{b-a}{n}\right) \\
&\rightarrow \frac{1}{b-a}\int_a^b f(x)\,dx
\end{aligned}
$$

단원을 마무리하기 위하여 [함수 평균값 정리]를 증명하기로 한다. [함수 평균값 정리]는 닫힌 구간상의 연속 함수의 **[최대·최소 정리]**와 **[중간값 정리]**의 결과이다.

[함수 평균값 정리] 증명

닫힌 구간상의 연속함수의 성질인 **[최대 · 최소 정리]**로부터

$$m \le f(x) \le M. \text{ 따라서 } m\int_a^b dx \le \int_a^b f(x)\,dx \le M\int_a^b dx \text{ 즉,}$$

$$m \le \frac{1}{b-a}\int_a^b f(x)\,dx \le M$$

f에 대한 **[중간값 정리]**를 적용하면, 적당한 $c \in [a,b]$가 존재하여

$$\frac{1}{b-a}\int_a^b f(x)\,dx = f(c)$$

연습문제

• 정적분의 성질

1. $\displaystyle\int_{-2}^{5} \frac{t-1}{|t-1|}\,dt$를 구하라.

해답 1

2. $\displaystyle\left|\int_{-1}^{5} \frac{sin\,(2x)}{2+x^2}dx\right| \le 3$임을 보여라.

3. 함수 f, g가 적분구간$[a,b]$에서 적분가능하고 $f(x) \le g(x)$일 때,

$$\int_a^b f(x)\,dx \le \int_a^b g(x)\,dx$$

임을 보여라.

4. 시간 $0 \le t \le 24$에 따른 하루 실외 온도변화가 $T(t) = 22 + 6\,sin^2\,(\pi t)$로 표현된다면 평균온도를 구하라.

해답 28

5. 시점 t에서 속도 $v(t)=2t-t^2$으로 어떤 물체가 직선 위를 움직이고 있다. $2\le t\le 4$에서의 평균속도를 구하라.

해답 $-\dfrac{10}{3}$

6. (미분)평균값 정리와 함수평균값 정리를 관련시켜 생각하여 보자. f가 연속함수일 때, $F(x)=\int_0^x f(t)\,dt$에 대한 [평균값 정리]는 f의 [함수평균값 정리]임을 보여라.

7. $f(x)=f(-x)$인 함수 f를 (우)함수 even function이라 한다. 또, $f(-x)=-f(x)$인 함수 f를 (기)함수 odd function라 한다. 다음을 보여라.

(1) f가 우함수일 때, $\int_{-a}^{a} f(x)\,dx = 2\int_0^a f(x)\,dx$

(2) f가 기함수일 때, $\int_{-a}^{a} f(x)\,dx = 0$

8. 함수 $f(x+p)=f(x)$인 p가 존재할 때, f를 주기 함수 period function라 한다. p 중에서 가장 작은 양수 값을 함수 f의 주기라 한다. 함수 f가 주기가 p인 주기함수이면

$$\int_a^b f(x)\,dx=\int_{a+p}^{b+p} f(x)\,dx$$

임을 보여라.

[부록] 적분가능성 Integrability

<u>닫힌 구간 $[0,1]$ 상의 함수 f가 유계 bounded</u>라는 것이 적분가능성을 보장하지 않는다. 다음이 대표적인 예이다. 여기서 필요한 수학 용어들은 간단히 소개하기로 한다.

(수학사 예) 구간 $[0,1]$ 상에서 적분가능하지 않은 함수

$$f=\begin{cases}1, & x\in[0,1] \text{ 유리수} \\ 0, & x\in[0,1] \text{ 무리수}\end{cases}$$ [49)]

[간단한 해설]

간단히 구간 $[0,1]$상의 분할 P에 대한 f의 상합

$$\sum_{i=1}^{n} sup_i\, f \cdot \triangle x_i = \sum_{i=1}^{n} 1 \cdot \triangle x_i (=1)$$

의 극한은 1. **(상)적분** upper integral. 마찬가지로, f의 하합

$$\sum_{i=1}^{n} Inf_{\,i}\, f \cdot \triangle x_i = \sum_{i=1}^{n} 0 \cdot \triangle x_i = 0$$

의 극한은 0. **(하)적분** lower integral 즉, **(하)적분**$\neq$**(상)적분**이 되어 f는 $[0,1]$상에서 적분 가능하지 않은 함수이다.[50)]

정 의

(적분가능 integrable)

(하 적분)=(상 적분)이 되는 함수 f를 적분 가능이라 하고, (하 적분)$\neq$(상 적분)일 때 적분 가능하지 않은 non-integrable 함수라 한다.[51)] f가 적분가능일 때 (하 적분)=(상 적분)=(리만합)의 극한이 되어(정적분)을 **리만 합의 극한**으로 정의한다.

3. 미·적분 기본 정리

구적법과 정적분

적분이라는 용어는 "작은 조각을 쌓는다(더한다)는 뜻으로, 이 개념에 대한 연구는 놀랍게도 2,200년 전으로 거슬러 올라간다. 실제로 BC. 300 년경의 **구적법** 계산을 보면 이미 상당한 수준에 존경심을 갖게 된다.

---

49) **수학사** history of mathematics에 나타나는 대표적인 예로 **디리끌레** Dirichlet **함수**라 한다. 디리끌레는 오늘날 사용하는 **[함수의 정의] "집합과 원소 대응"** 을 고안한 수학자이다.

50) 기호 $sup_{\,i}\ f$는 함수 f가 **유계** bounded일 때 각 소 구간 $[x_i, x_{i+1}]$상에서 (연속함수의)최댓값을 보완한 기호이다. 마찬가지로, $Inf_{\,i}\,f$은 최솟값에 해당한다. **(해석학 참조)**

51) 정확히 표현하면 **리만의 개념**으로는 적분가능하지 않다 non-integrable in Riemann sense.

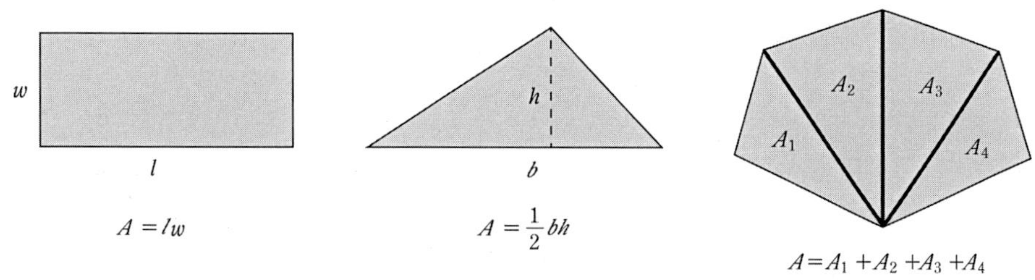

실제로, 구의 부피와 표면적에 대한 **아르키메데스** *Archimedes*의 (원기둥, 원뿔로부터 유추한) 구적법은 그로부터 1800년이 지난 17세기에 와서 미분, 원시함수, 부정적분 발견으로 얻은 결과와 정확히 일치하고 있다는 점을 생각하면 그 놀라운 발견술에 감탄하게 된다. 여기서 우리가 주의 할 것은 그의 방법론을 오늘날의 **구분구적법** (즉, 부분 합의 극한으로 구하는 방법)으로 오해하는 것이다.

$$\int_a^b f(x)\,dx = [F(x)]_a^b$$

구분구적법으로 대표되는 구적법은 실제로 17세기에 들어와 발견된 [미·적분의 기본정리]로 대표되는 적분법과 크게 달라지는 것이다. 그 이전까지는 구하려는 양을 작은 부분들의 합으로부터 추정하는 구적법이라면, **[기본 정리]** 발견 이후는 **원시함수를 구하는 적분법**으로 바뀌게 된 것이다. 나중에 미·적분의 기본정리에 대한 의미를 자세히 살펴보기로 한다.

회전체의 부피는 적분 정의 과정을 생각하면 단면적 함수 $A(x)$의 적분 $\int_a^b A(x)dx$ 으로 나타나므로, "단면적이 같은 입체의 부피는 같다."라는 **카발리에리** *Cavalieri*의 직관은 오늘날의 정적분의 결과와 일치함을 알 수 있다. 따라서 이 표현을 빌리면 부피에 대한 설명을 쉽게 할 수 있는 편리함이 있다.

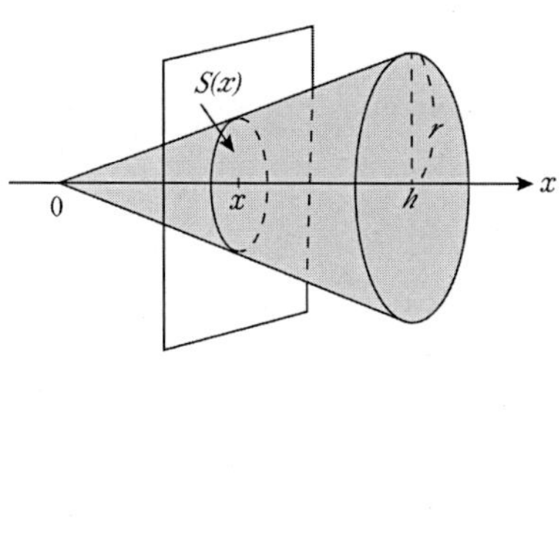

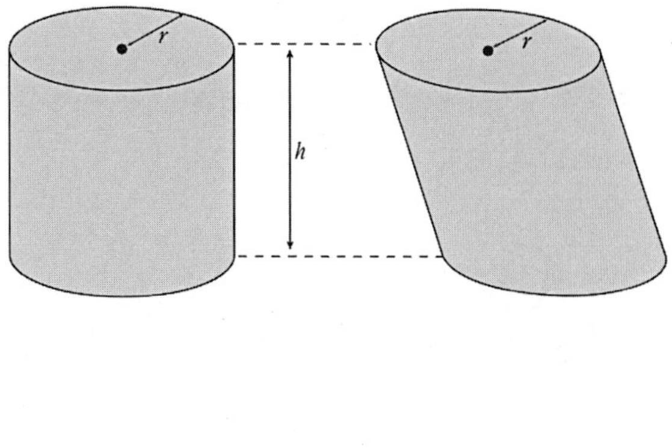

정적분과 부정적분 관계 공식

정적분과 부정적분은 전혀 다른 배경에서 출발하는 개념임을 주의하여야 한다. 정적분은 구분구적법으로부터 정의된 것이고, 부정적분은 단순히 미분의 역산으로 간단히 정의된 것이다.

뉴턴이 발견했다고 알려진 미·적분의 기본정리는 정적분과 부정적분이 밀접하게 연결 하는 정리이다. 정리의 증명보다는 그 의미를 잘 이해하는 것이 더욱 중요하다. 정리의 증명을 보기 전에 예제를 통하여 그 의미를 파악하여 보자.

예 제

곡선 $y = x^3$과 $x = 0$, $x = 1$로 둘러싸인 도형의 넓이를 구하여 보자.

풀이 $\int_0^1 x^3\,dx = \frac{1}{4}x^4 \Big|_0^1 = \frac{1}{4}$

얼마나 간단한가? 이것을 구분구적법으로 계산하려면

$$1^4 + 2^4 + 3^4 + \cdots + n^4$$

의 부분 합을 계산하여야 하니, 그 번거로움을 생각해 보라.

정 의

$F'(x) = f(x)$인 함수 $F(x)$을 $f(x)$에 대한 부정적분(*Indefinite Integral*) 또는 **원시함수**(*Anti − derivative*)라고 하고, 기호로 $\int f(x)\,dx$로 나타낸다.

연속함수 $f(x)$에 대항 어떤 특정한 원시함수를 $F(x)$라고 하면, 임의의 원시함수는 $F(x) + C$의 형태로 나타나게 된다. 따라서

$$\int f(x)\,dx = F(x) + C$$

로 쓰는 것이다. 여기서, C는 정하지 않은 임의의 상수인데, **적분 상수**라 부른다.

수학에서 [기본 정리] 라는 호칭을 받은 정리는 매우 드문 것을 생각하면, 이 정리는 미·적분학에서 매우 중요한 의미를 갖은 것이 틀림없다고 보아도 된다. 기본 정리는 사용의 편의상 I, II로 구별하고 있으나, 두 정리는 관련이 밀접하다. 흐름을 잃지 않기 위해 그 뜻을 살펴본 다음, **증명은 단원의 끝에 달기로 한다.**

정리 (미·적분 기본정리 *Part I*)

함수 $f(x)$가 x에서 연속이면

$$\frac{d}{dx}\int_a^x f(t)\,dt = f(x)$$

[제 I 정리]로부터 연속함수 $f(x)$에 대해서 정적분 $F(x) = \int_a^x f(t)\,dt$는 f의 부정적분 중 하나임을 알 수 있다.[52)]

정리 (미·적분 기본정리 *Part II*)

구간 $[a,b]$에서 연속인 함수 $f(x)$의 한 원시함수를 $G(x)$라 하면

$$\int_a^b f(x)\,dx = G(b) - G(a)$$

미분의 개념과 (정)적분 개념 사이의 매우 중요한 연관성을 밝힌 것이 **미·적분의 기본정리**(*Fundamental Theorem of Calculus*)이다.

참고 제 2 기본 정리

$\int_a^x f(x)\,dx = F(x) - F(a)$에서 양변을 미분하여

52) **[참고]** f의 원시함수로 a, b의 선택에 관계없이 $\int_a^x f(x)\,dx$ 또는 $\int_b^x f(x)\,dx$를 들 수 있다. 그 차이는 (상수) $\pm\int_b^a f$ 만큼 차이가 난다.

$$\frac{d}{dx}\int_a^x f(x)\,dx = (F(x) - F(a))' = f(x)$$

와 같이 간단히 **제 1 기본 정리**를 유도할 수 있다.

예제

$\dfrac{d}{dx}\displaystyle\int_1^{x^2} \frac{1}{1+t^2}\,dt$를 계산하자.

풀이 $F(x) = \displaystyle\int_1^x \frac{1}{1+t^2}\,dt$로 쓰면 $\displaystyle\int_1^{x^2} \frac{1}{1+t^2}\,dt = F(x^2)$이므로

$$(\text{주어진 식}) = F'(x^2)(x^2)' = 2x \cdot \frac{1}{1+(x^2)^2}$$

[참고] [제2 기본 정리]로부터 구분구적 대신 간단히 원시함수만 구하면 충분하게 된다. 즉, 계산 절차가 까다로운 (구분)구적법 대신 간편한 적분의 기술(원시함수를 구하는)로 바뀐다. 미·적분학의 [제 2 기본 정리]는 정적분 $\displaystyle\int_a^b f(x)\,dx$를 $f(x)$의 한 원시 함수 $G(x)$를 찾아 $G(b) - G(a)$로 계산할 수 있다는 것으로, **미·적분 이전 시대** Pre-calculus Age의 **구적** Mensurations을 획기적으로 바꾼 공식이다. 적분 기술을 이용하여 원시 함수를 계산하는 일로 바꾼 것이다. 앞으로 다룰 **적분 기술**로 원시함수를 찾으면 충분한 일로 바뀐 것이다.

단원을 마무리하기 위하여, [기본 정리] 1, 2의 증명을 하자. 여기서는 간단히 표현하는 방식으로 논증할 것이다.

[제 1정리 증명] $f(x)$의 부정적분 $F(x) = \displaystyle\int_a^x f(t)\,dt$에 대하여

$$\frac{F(x+h) - F(x)}{h} = \frac{1}{h}\int_x^{x+h} f(t)\,dt$$

적분에 대한 평균값 정리로부터 $x, x+h$ 사이에 c가 존재하여

$$\frac{1}{h}\int_{x}^{x+h} f(t)\,dt = f(c)$$

그런데 함수 $f(x)$는 x에서 연속이므로 $\lim_{h\to 0} f(c) = f(x)$. 따라서 $h\to 0$일 때

$$F'(x) = f(x)$$

[제 2정리 증명] $F(x) = \int_{a}^{x} f(t)\,dt$를 생각하면, [미·적분 기본정리 I] 로부터 $F' = f$

한편, $G' = f$ 이므로

$$(G(x) - F(x))' = f - f = 0$$

즉

$$F(x) - G(x) = C \text{ (상수)}$$

그런데

$$\int_{a}^{b} f(x)\,dx = F(b) = F(b) - F(a) \;= [G(b) + C] - [G(a) + C]$$

연습문제

• 파라미터(parameter) 포함된 적분

1. 다음 적분을 계산하라.

(1) $\int_{0}^{1}\left(\int_{1}^{x} 2t\ dt\right)dx$

(2) $\int_{-1}^{2}\left(\int_{1}^{2} x\,t\ dt\right)dx$

2. $f(x) = \int_{x}^{x+h} e^{-t^2}dt$ 일 때, $\lim_{h\to 0}\dfrac{f(0)}{h}$를 다음 방법으로 구하라.

(1) [평균값 정리]

(2) [로피탈 정리]

해답 1

3. $u(x)$, $v(x)$가 미분 가능한 함수이고, $F' = f$라 할 때 다음에 대한 계산공식을 유도하라.

$$\frac{d}{dx}\int_{v(x)}^{u(x)} f(t)\,dt$$

4. $\dfrac{d}{dx}\displaystyle\int_{1}^{x^2} \cos t \ dt$를 구하라.

해답 $2x \cos x^2$

5. 다음 극한값을 구하라.

(1) $\displaystyle\lim_{x\to 0+} \frac{1}{\sin 2x}\int_{0}^{x} \frac{\cos t}{1+\sqrt{t}}\,dt$

해답 $\dfrac{1}{2}$

(2) $\displaystyle\lim_{x\to 0} \frac{1}{\sin^2 x}\int_{0}^{x^2} \tan^{-1} t \ dt$

해답 0

(3) $\displaystyle\lim_{\theta\to 0} \frac{1}{\cos\theta - 1}\int_{\theta^2}^{0} \frac{e^t}{1+e^t}\,dt$

해답 1

6. $\dfrac{d}{dx}\displaystyle\int_{2x}^{x^2} f(t) \ dt = 2xf(x^2) - 2f(2x)$임을 보여라.

7. 함수 $G(x) = \displaystyle\int_{-x}^{x} (t^3 + 4t^2 - t - 1)\,dt$의 극값을 구하라.

(풀이) $G'(x) = 2(4x^2 - 1) = 0$로부터 $G(-\frac{1}{2}) = -\frac{2}{3}$, $G(-\frac{1}{2}) = \frac{2}{3}$

8. 다음을 만족하는 함수 f 를 구하라.

$$xf(x) = x^2 + \int_{1}^{x} f(t)\,dt$$

해답 $f(x) = 2x - 1$

• 함수 평균값

9. 함수 $f: R \rightarrow R$, $f(x) = \int_{1+2x}^{1-2x} \left(1 - t^3\sqrt{1+t^2}\right) dt$ 일 때 $f'(0)$의 값을 구하라.

해답 4

10. 시각 $0 \le t \le 24$에 따른 하루의 실외 온도변화가 $T(t) = 22 + 6\,sin^2(\pi t)$로 표현된다면 평균온도를 구하라.

해답 28시

11. 점 t에서 속도 $v(t) = 2t - t^2$으로 어떤 물체가 직선 위를 움직이고 있다. $2 \le t \le 4$에서의 평균속도를 구하라.

해답 $-\frac{10}{3}$

4. 적분 기법

앞에서도 강조했듯이 넓이, 부피를 구하는 (구분)**구적법**이 정적분으로 나타나게 되고, **[미적분 기본 정리]**에 따라 피적분함수에 대한 원시함수를 찾는 일, 즉 (부정)**적분법**으로 바뀐다. 따라서 우리는 (부정)적분 기법을 익히는 것이 필요하다. 적분의 기법에는 기본적으로 다음 두 가지가 있다. 일반적인 적분 계산들은 이것을 적절히 적용하여, 복합적으로 사용하는 것이다.

(1) 부분적분법 Integration by parts

고등 수학 이론 전개에 자주 사용되는 기법이다. 적분의 결과에 다른 적분형태가 나타나지만, 이것은 계산 가능한 것을 포함한다.

(2) 치환적분법 Substitutions

다음과 같은 대표적인 기법이 있다. 특히, 삼각치환 등은 삼각 공식들 때문에 유효한 방법이 됨을 알 수 있다.

① 대수적 치환
② 삼각 치환
③ 반각 치환(바이어슈트라스 치환 Weierstrass)
④ 쌍곡선 함수 치환

(치환 적분법 Substitutions)

$$\int_a^b f(g(x))g'(x)\,dx = \int_{g(a)}^{g(b)} f(z)\,dz$$

증명 새로운 변수 $z = g(x)$로 쓰면, 그 미분(형식) $dz = g'(x)dx$

[대표 예제][53] $\int \frac{1}{x^2+x+1}dx$ 를 계산하자.

풀이 다음과 같이 고쳐 쓴다. 이제 새로운 변수 $z = \frac{x+\frac{1}{2}}{(\frac{\sqrt{3}}{2})}$ 을 사용하면

$$\int \frac{1}{x^2+x+1}dx = \frac{2}{\sqrt{3}}\int \frac{1}{z^2+1}dz$$
$$= \frac{2}{\sqrt{3}}\tan^{-1} z = \frac{2}{\sqrt{3}}\tan^{-1}\left(\frac{2x+1}{\sqrt{3}}\right)$$

치환법은 가장 기본적인 기법이다. 일반적으로 대표적인 것으로 앞의 **대수적 치환**과 삼각 치환법 등이 있다. **삼각함수 공식**으로 삼각치환이 유효한 방법이 된다.

[대표 예제][54] $\int \frac{1}{(1+x^2)^2}dx$ 를 구하자.

풀이 $x = \tan u$로 치환하면, $1+\tan^2 u = \sec^2 u$, $dx = \sec^2 u\,du$

$$\int \frac{1}{(1+x^2)^2}dx = \int \cos^2 u\,du$$

---

53) **[유리식의 적분]** 단원에서 나타나는 대표적인 피적분 함수 integrand 이다. **다음 [대표예제]** 참조.

54) **[유리식의 적분]** 단원에서 나타나는 대표적인 피적분 함수 integrand이다. **앞 [대표예제] 참조.**

$$= \int \frac{1+\cos 2u}{2} du$$

$$= \frac{u}{2} + \frac{1}{4} \sin 2u + C$$

$$= \frac{1}{2} \tan^{-1} x + \frac{1}{2} \sin u \cdot \cos u + C$$

$$= \frac{1}{2} \tan^{-1} x + \frac{1}{2} \frac{x}{1+x^2} + C$$

[참고] $x = \tan u$로 치환하면, $\sin u = \dfrac{x}{\sqrt{1+x^2}}$, $\cos u = \dfrac{1}{\sqrt{1+x^2}}$

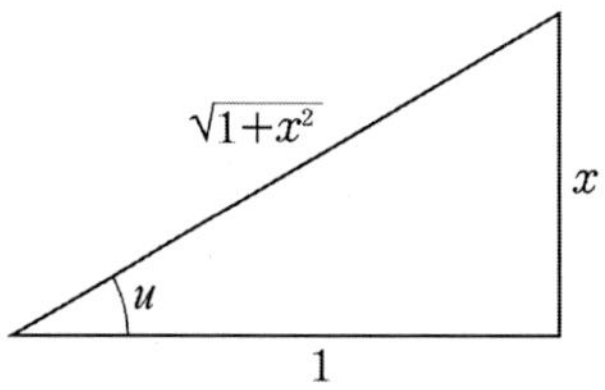

두 번째로 수학 이론 전개에 자주 사용되는 기법이 부분적분법이다.

(부분적분법 Integration by Parts)

$$\int u'(x)\, v(x)\, dx = u(x)v(x) - \int u(x)v'(x)\, dx$$

예제

$$\int \log x \, dx$$

풀이 $\int \log x \, dx = x \log x - \int x(\frac{1}{x})\, dx = x \log x - x + C$

예제

$$\int \tan^{-1} x \, dx$$

풀이 $\int tan^{-1}x\,dx = x\,tan^{-1}x - \int x\,d(tan^{-1}x)$

$$= x\,tan^{-1}x - \int \frac{x}{1+x^2}dx$$

$$= x\,tan^{-1}x - \frac{1}{2}\int \frac{1}{(1+x^2)}\,d(1+x^2)$$

$$= x\,tan^{-1}x - \frac{1}{2}log(1+x^2) + C$$

예제

$\int \sqrt{1+4x^2}\,dx$

풀이 $\int \sqrt{1+4x^2}\,dx = x\sqrt{1+4x^2} - \int \frac{4x^2}{\sqrt{1+4x^2}}\,dx$

두 번째 피적분함수를 $\frac{4x^2}{\sqrt{1+4x^2}} = \frac{(1+4x^2)-1}{\sqrt{1+4x^2}} = \sqrt{1+4x^2} - \frac{1}{\sqrt{1+4x^2}}$ 로 쓰면,

$\int \sqrt{1+4x^2}\,dx = \frac{1}{2}x\sqrt{1+4x^2} + \frac{1}{2}\int \frac{1}{\sqrt{1+4x^2}}\,dx$, 그리고

$$\int \frac{1}{\sqrt{1+4x^2}}\,dx = \frac{1}{2}\int \frac{1}{\sqrt{1+(2x)^2}}\,d(2x)$$

$$= \frac{1}{2}sinh^{-1}(2x) = \frac{1}{2}log\,(2x+\sqrt{4x^2+1})$$

종합하면

$$\int \sqrt{1+4x^2}\,dx = \frac{1}{2}x\sqrt{1+4x^2} + \frac{1}{4}log\,(2x+\sqrt{4x^2+1})$$

(적분)반복 관계식 a recursion

$I_n = \int sin^n x\,dx$에 대하여 다음 적분 반복 관계식을 얻을 수 있다.

반복 관계식 a recursion

$$I_n = -\frac{1}{n}cos\,x\,sin^{n-1}x + (\frac{n-1}{n})I_{n-2}$$

풀이 $I_n = \int sin\,x \cdot sin^{n-1}x\,dx$

$= -cos\,x \cdot sin^{n-1}x + \int cos\,x \cdot (n-1)sin^{n-2}x\,cos\,x\,dx$

$= -cos\,x\,sin^{n-1}x + (n-1)\int sin^{n-2}x\,(1 - sin^2 x)\,dx$

즉, $[1+(n-1)]\,I_n = -cos\,x\,sin^{n-1}x + (n-1)I_{n-2}$

앞의 **[반복 관계식]**을 반복 이용 iterate 하면, n이 홀수 또는 짝수일 때 각각 다음 항으로 종료된다.

$$I_1 = \int sin\,x\,dx (= -cos\,x),\ \text{또는}\ I_0 = \int dx (= x)$$

연습문제

• 치환법

1. 적분 $\int \frac{e^{\sqrt{x}}}{\sqrt{x}}\,dx$를 구하라.

2. 다음 적분을 구하라.

(1) $\int x\,ln\,x\,dx$ 해답 $\frac{1}{2}x^2 ln\,x - \frac{1}{4}x^2 + C$

(2) $\int x^2 e^x\,dx$ 해답 $2x\,e^x - 2e^x + C$

(3) $\int x^2 e^x\,dx$ 해답 $\frac{1}{2}e^x(cos\,x + sin\,x) + C$

3. 간단한 치환으로 다음을 구하라.

(1) $\int e^{5x+2}\,dx$

(2) $\int xe^{-x^2}\,dx$

(3) $\int \sqrt{1-e^x}\,dx = 2\sqrt{1-e^x} + ln\left|\dfrac{\sqrt{1-e^x}-1}{\sqrt{1-e^x}+1}\right| + C$

(힌트) $1-e^x = u^2$

4. 간단한 치환으로 다음을 구하라.55)

(1) $\int \dfrac{dx}{7+x^2}$

해답 $\dfrac{1}{\sqrt{7}} tan^{-1}\left(\dfrac{x}{\sqrt{7}}\right) + C$

(2) $\int \dfrac{1}{4x^2+4x+10}\,dx$

해답 $\dfrac{1}{6} tan^{-1}\left(\dfrac{2x+1}{3}\right) + C$

(3) $\int \dfrac{x+2}{x^2+x+1}dx$

해답 $\dfrac{1}{2} log\,(x^2+x+1) + \sqrt{3}\, tan^{-1} \dfrac{(2x+1)}{\sqrt{3}} + C$

(4) $\int \dfrac{2x+1}{x^2+x+1}\,dx$

해답 $ln(x^2+x+1) + C$

• 부분적분법

5. 다음 적분을 구하라.

(1) $\int (ln\,x)^2\,dx$

(2) $\int x\, tan^{-1}x\; dx$

해답 $\dfrac{(x^2+1)}{2} tan^{-1}x - \dfrac{x}{2} + C$

(3) $\int x^n\, ln\, x\; dx \;\; (n \neq -1)$

---

55) **[유리식 적분]** 단원 참조할 것.

6. 부분적분법으로 다음을 보여라. 단, 적분상수 $C=0$로 선택한다.

(1) $\int x \sin x\, dx = -x\cos x + \sin x$

(2) $\int x^2 e^x\, dx = e^x(x^2 - 2x + 2)$

(3) $\int \ln x\, dx = x(\ln x - 1)$

(4) $\int Tan^{-1} x\, dx = x\, Tan^{-1} x - \frac{1}{2}\ln(1+x^2)$

7. 다음을 보여라.

(1) $\int \frac{1}{\sqrt{1+4x^2}} dx = \frac{1}{2}\sinh^{-1} 2x \quad (= \frac{1}{2}\ln(2x + \sqrt{4x^2+1}))$

(2) $\int \sqrt{1+4x^2}\, dx = \frac{1}{2}x\sqrt{1+4x^2} + \frac{1}{4}\ln(2x + \sqrt{4x^2+1})$

해답 $\int \frac{4x^2}{\sqrt{1+4x^2}} dx = \int \frac{(1+4x^2)-1}{\sqrt{1+4x^2}} dx$ 그리고

$$\int \frac{1}{\sqrt{1+4x^2}} dx = \frac{1}{2}\sinh^{-1} 2x$$

5. 유리식 적분

다항식들의 가(+),감(−),승(×),제(÷)로 나타나는 형태를 **유리식** rational functions 이라 한다. 적분 치환 과정에서 우리는 유리식의 적분을 만나게 되는 것이다. 따라서 algorithm [유리식의 적분]을 **예시를 통하여 보이기로 한다.**

$P(x)$, $Q(x)$는 다항식인 유리식 $\frac{P(x)}{Q(x)}$의 적분은 다음과 같은 절차대로 하면 가능하다.

Algorithm [유리식 적분]

$Q(x)$의 차수 $\leqq P(x)$의 차수인 경우 먼저 나눗셈을 하여 정리하면

$$\frac{P(x)}{Q(x)} = (\text{다항식}) + \frac{R(x)}{Q(x)}, \text{ 여기서 } Q(x)\text{의 차수} > R(x)\text{의 차수}$$

형태가 된다. 따라서 두 번째 항처럼 분자의 차수가 작은 유리식 적분을 생각하면 충분하게 된다. 그런데 다음과 같은 **[부분분수법]**을 이용하게 된다.

$Q(x)$의 차수 > $P(x)$의 차수인 경우 먼저 분모 $Q(x)$를 실(수)계수의 (일차식)^n, 또는 (이차식)^m 인자들로 인수분해 한다. (일차식)^n 꼴 인자에 대해서는 $\frac{P}{Q}$에

$$\frac{c_1}{(\text{일차식})} + \cdots + \frac{c_n}{(\text{일차식})^n}$$

의 부분분수를 포함시키고, (이차식)^m 꼴 인자에 대해서는

$$\frac{(d_1 + e_1 x)}{(\text{이차식})} + \cdots + \frac{(d_m + e_m x)}{(\text{이차식})^m}$$

의 **부분분수**를 $\frac{P}{Q}$에 포함시키면 미정계수 c_i, d_j, e_j들이 결정된다.

여기서는 다음과 같이 **예를 들어 보이기로 한다.**

예제

$$\int \frac{2x^6 - 3x^5 - 9x^4 + 23x^3 + x^2 - 44x + 39}{x^5 + x^4 - 5x^3 - x^2 + 8x - 4} dx\text{를 구하자.}$$

풀이 $\frac{P(x)}{Q(x)} = 2x - 5 + \frac{6x^4 - 20x^2 + 4x + 19}{Q(x)}$.

그런데 $\frac{6x^4 - 20x^2 + 4x + 19}{Q(x)} = \frac{6x^4 - 20x^2 + 4x + 19}{(x-1)^3(x+2)^2}$

$$= \left(\frac{3}{(x-1)} + \frac{-2}{(x-1)^2} + \frac{1}{(x-1)^3}\right) + \left[\frac{3}{x+2} + \frac{-1}{(x+2)^2}\right]$$ **[부분분수법].**

따라서 구하는 적분은

$$x^2-5x+3\ln(x-1)+\frac{2}{x-1}-\frac{1}{2(x-1)^2}+3\ln(x+2)+\frac{1}{x+2}+C$$

앞 [예제]를 살펴보면 유리식 $\frac{P(x)}{Q(x)}$의 적분에 포함되는 피적분 함수의 꼴들은 모두 간단한 적분임을 알 수 있다. 한편 [부분분수법]을 다시 살펴보면 다음 예제와 같은 꼴의 적분도 포함될 수 있다. 그 적분 방법을 소개하기로 한다.

예제

$\int \frac{1}{(x^2+x+1)^n}dx$를 $\int \frac{1}{(t^2+1)^n}$ 꼴로 바꾸어 보자.56)

풀이

대수적 조작

$$\int \frac{1}{(x^2+x+1)^n}dx=\int \frac{1}{\left\{\left(x+\frac{1}{2}\right)^2+\frac{3}{4}\right\}^n}dx=\left(\frac{4}{3}\right)^n\int \frac{1}{\left\{\left(\frac{x+\frac{1}{2}}{\left(\frac{\sqrt{3}}{2}\right)}\right)^2+1\right\}^n}dx$$

따라서 $t=\frac{x+\frac{1}{2}}{\left(\frac{\sqrt{3}}{2}\right)}$로 두면 (구하는 적분)$=\left(\frac{4}{3}\right)^n\frac{\sqrt{3}}{2}\int \frac{1}{(t^2+1)^n}dt$

예제

$\int \frac{1}{(t^2+1)^n}dt$를 계산하자.

풀이 (1) $n=1$일 때, $\int \frac{1}{t^2+1}dt=\tan^{-1}t+C$

(2) $n=2,3,\cdots$ 일 때는 **연습문제로 남기기로 한다.**

56) 앞 절 **[대표 예제]** 참조.

> **[참고]** 일반적으로 치환적분을 반복하면, 결과적으로는 다항식 또는 그 나눗셈 형태의 유리식의 적분을 만나게 된다. 따라서 앞에 소개한 algorithm **[유리식 적분]**이 필요하게 된다.

연습문제

• 부분분수법

1. 다음 유리함수를 부분분수로 분해하여라.

(1) $\dfrac{2x^2+3}{x(x-1)^2}$ 　 해답 $\dfrac{3}{x}-\dfrac{1}{x-1}+\dfrac{5}{(x-1)^2}$

(2) $\dfrac{3x^4+x^3+20x^2+3x+31}{(x+1)(x^2+4)^2}$ 　 해답 $\dfrac{2}{x+1}+\dfrac{x}{x^2+4}+\dfrac{-1}{(x^2+4)^2}$

(3) $\dfrac{x^5+2}{x^2-1}$ 　 해답 $x^3+x+\dfrac{-\frac{1}{2}}{x+1}+\dfrac{\frac{3}{2}}{x-1}$

(4) $\dfrac{1}{x(x^2+x+1)}$ 　 해답 $\dfrac{1}{x}+\dfrac{-x-1}{x^2+x+1}$

2. $\displaystyle\int \frac{x^3+4x^2-4x-1}{(x^2+1)^2}\,dx$를 계산하라.

해답 $\dfrac{1}{2}ln(x^2+1)+4tan^{-1}x+\dfrac{5}{2(x^2+1)}-\dfrac{5x}{2(x^2+1)}+C$

3. $\displaystyle\int \frac{1}{1+x^4}dx=\frac{\sqrt{2}}{8}ln\frac{x^2+\sqrt{2}x+1}{x^2-\sqrt{2}x+1}+\frac{\sqrt{2}}{4}(Tan^{-1}(x\sqrt{2}+1)-Tan^{-1}(x\sqrt{2}-1))$임을 보여라.

(힌트)

$$\frac{1}{1+x^4}=\frac{1}{(x^2+\sqrt{2}\,x+1)(x^2-\sqrt{2}\,x+1)}=\frac{\frac{1}{2}+\frac{\sqrt{2}}{4}x}{x^2+\sqrt{2}\,x+1}+\frac{\frac{1}{2}-\frac{\sqrt{2}}{4}x}{x^2-\sqrt{2}\,x+1}$$

4. 다음을 구하라.

(1) $\int \frac{1}{x(x^2+1)}dx = ln|x|-\frac{1}{2}ln(1+x^2)+C$

(2) $\int \frac{2x+1}{x^2(x-1)(x-2)}dx = \frac{7}{4}ln|x|-\frac{1}{2x}-3ln|x-1|+\frac{5}{4}ln|x-2|+C$

(3) $\int \frac{x^5+2}{x^2-1}dx = \frac{1}{4}x^2+\frac{1}{2}x^2-\frac{1}{2}ln|x+1|+\frac{3}{2}ln|x-1|+C$

(4) $\int \frac{2x^6-3x^5-9x^4+23x^3+x^2-44x+39}{x^5+x^4-5x^3-x^2+8x-4}dx =$

$x^2-5x-\frac{1}{2(x-1)^2}+\frac{2}{x-1}+3ln(x-1)+\frac{1}{x+2}+3ln(x+2)+C$

5. 적분 $\int \frac{1}{(x-\alpha)^k}dx$, $\int \frac{x}{((x-\alpha)^2+\beta^2)^k}dx$는 각각 $\int \frac{1}{t^k}dt$ 형태로 바꾸어 보아라.

6. 본문의 적분 $n=2,3,\cdots$일 때 $\int \frac{1}{(t^2+1)^n}dt$ 를 구하기 위한 적분을 다루어 보자. $n=2$일 때 적분은 다음과 같다. 아래 지시에 따라 각각 구하여 보자.

$$\int \frac{1}{(t^2+1)^2}dt = \frac{1}{2}\frac{t}{t^2+1}+\frac{1}{2}tan^{-1}\,t+C$$

(1) [삼각치환]을 이용하여 보여라.

(2) (적분)**반복관계식** a recursion을 얻고, 그 결과로 얻어 보자. [부분적분법]을 이용하여 $I_n=\int \frac{1}{(1+x^2)^n}dx$에 대한 다음 반복 관계식을 구하라.

$$I_{n+1}=\frac{1}{2n}\frac{x}{(1+x^2)^n}+\frac{2n-1}{2n}I_n$$

(힌트) $\dfrac{2x^2}{(1+x^2)^{n+1}} = \dfrac{2(1+x^2)-1}{(1+x^2)^{n+1}} = \dfrac{2}{(1+x^2)^n} - \dfrac{1}{(1+x^2)^{n+1}}$

7. $\dfrac{6x^4-20x^2+4x+19}{(x-1)^3(x+2)^2}$를 부분분수로 나누어 쓰는 다음 과정을 정리하여 보아라.

(부분분수)

$$\frac{6x^4-20x^2+4x+19}{(x-1)^3(x+2)^2} = \frac{-1}{(x+2)^2} + \frac{6x^3-11x^2-x+9}{(x-1)^3(x+2)}$$

한편 $\dfrac{6x^3-11x^2-x+9}{(x-1)^3(x+2)} = \dfrac{3}{(x+2)} + \dfrac{3x^2-8x+6}{(x-1)^3}$

그런데 $3x^2-8x+6 = 3(x-1)^2-2(x-1)+1$

6. 특이적분 Improper Integral 57)

What is wrong ?

$$\int_{-1}^{1} \frac{1}{x^2}\,dx = \left[-\frac{1}{x}\right]_{-1}^{1} = -2 \quad (<0)$$

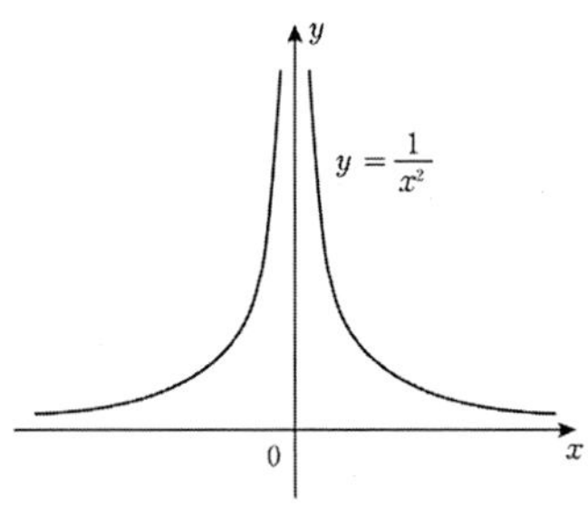

앞의 적분계산은 잘못된 것이 명백하다. 왜냐하면 양의 곡선의 적분이 음수이기 때문이다.

57) **특이(特異)적분** 또는 **이상(異狀)적분** 이라고도 한다.

올바른 계산

$x=0$을 포함하지 않는 구간에서 $\left(-\frac{1}{x}\right)'=\frac{1}{x^2}$이므로, 앞의 적분은

$$\int_0^1+\int_{-1}^0$$

두 부분으로 보아,

$$\int_0^1 \frac{1}{x^2}dx=\lim_{\alpha\to 0+}\left[-\frac{1}{x}\right]_\alpha^1=(-1)-\lim_{\alpha\to 0+}\left(-\frac{1}{\alpha}\right)=\infty$$

그리고

$$\int_{-1}^0 \frac{1}{x^2}dx=\lim_{\beta\to 0-}\left[-\frac{1}{x}\right]_{-1}^\beta=\lim_{\beta\to 0-}\left(-\frac{1}{\beta}\right)-(-1)=\infty$$

따라서

$$\int_{-1}^1 \frac{1}{x^2}dx=\infty$$

이와 같이 구간은 유한하나, 피적분함수가 **(한 점에서) 무한**인 불연속 함수의 적분은 정적분에 해당하지 않는다. 앞과 같이 부분 구간으로 나눈 정적분들의 극한으로 이해하는 것이 타당하다.58)

두 번째 경우

$\int_0^\infty e^{-x^2}dx$와 같이 피적분함수는 연속이나 **무한구간 상**의 적분은 정적분에 해당하지 않고, 앞과 마찬가지로 각 부분 구간 상의 정적분들의 극한값, 즉

$$\int_0^\infty e^{-x^2}dx=\lim_{a\to\infty}\int_0^a e^{-x^2}dx$$

58) $\int_{-1}^0 \frac{1}{x^2}dx=\lim_{\beta\to 0-}\left[-\frac{1}{x}\right]_{-1}^\beta$을 간단히 $\left[-\frac{1}{x}\right]_{-1}^{0-}$와 같이 쓰고, 극한으로 본다.

로 이해한다.

정 의

(특이적분)

(1) 적분 구간은 유계이나, 무한 불연속을 갖는 함수의 적분

(2) 무한 구간 상의 연속 함수의 적분

은 닫힌 구간상의 정적분들의 극한으로 정의한 것을 **특이적분**(또는 **이상적분**)이라 하며, 그 극한값이 존재하는 경우 **수렴**한다 converge고 하며, 그렇지 않은 경우는 **발산**한다 diverge고 한다.

특이적분의 수렴·발산 판정

주어진 적분이 정의되는 양인지 판단하는 일이 중요하다. 직접 계산이 가능한 경우도 있으나, 특정 함수와 비교하는 방법을 사용한다.

예 제

함수 $f(x)=\dfrac{1}{x^p}$에 대한 특이적분을 알아보자.

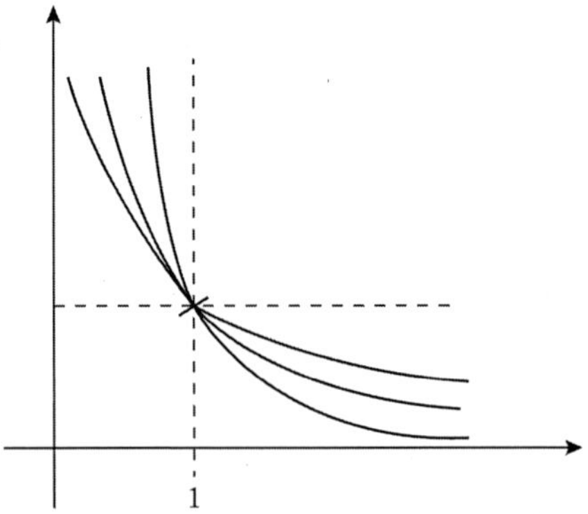

$p>0$**일 때** 다음 적분은 각각 특이적분들이다.

(1) $\displaystyle\int_1^{\infty}\frac{1}{x^p}\,dx$

(2) $\displaystyle\int_0^{1}\frac{1}{x^p}\,dx$

각 경우 수렴할 $p>0$ 값을 살펴보자.

풀이 (1) 우선 $p>0$일 때 $\displaystyle\int_1^{\infty}\frac{1}{x^p}\,dx=\begin{cases}\left[\dfrac{1}{1-p}x^{1-p}\right]_1^{\infty} & ,\ p\neq 1\\ [\log\ x]_1^{\infty} & ,\ p=1\end{cases}$ 이므로

$1-p<0$, 즉 $p>1$일 때에 한하여 수렴한다.

풀이 (2) 앞과 마찬가지로 하면 $1-p>0$, 즉 $(0<)\,p<1$일 때에 한하여 수렴함을 알 수 있다.

예 제

$\int_{-\infty}^{\infty} \frac{1}{1+x^2}\,dx$는 수렴한다.

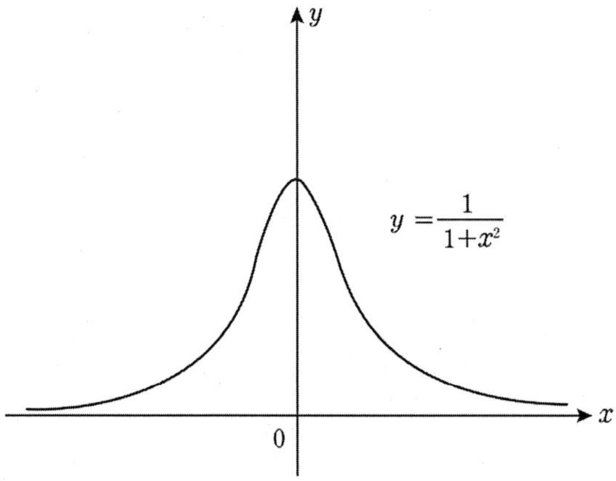

풀이 $\int_{-\infty}^{\infty} \frac{1}{1+x^2}\,dx = \left[\tan^{-1} x\right]_{-\infty}^{\infty} = \frac{\pi}{2} - \left(-\frac{\pi}{2}\right) = \pi$

예 제

$\int_{0}^{\infty} e^{-x^2}\,dx$의 수렴여부를 알아보자.

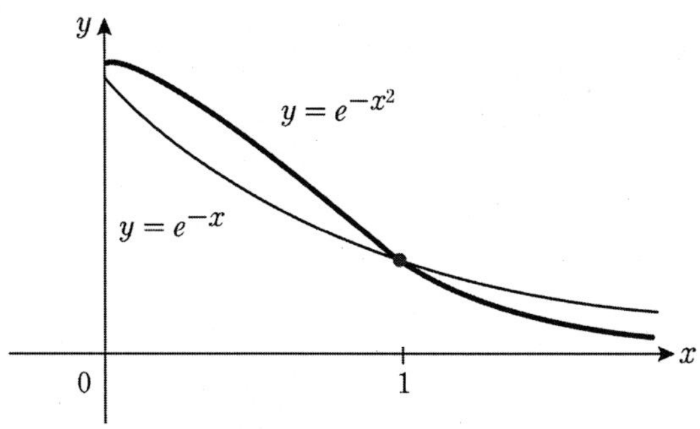

풀이 우선, $\int_{0}^{\infty} e^{-x^2}\,dx = \int_{0}^{1} + \int_{1}^{\infty}$로 보면, 첫 번째 항은 정적분(즉, 닫힌 구간상의

연속함수의 적분)이므로 존재한다. 따라서 두 번째 항만 살펴보면 충분하다. $1 \le x$일 때 $x \le x^2$ 이므로 $e^{-x^2} \le e^{-x}$. 그런데 $\int_1^{\infty} e^{-x}\,dx = \left[-e^{-x}\right]_1^{\infty} = e^{-1}$로부터 비교하면 두 번째 적분은 수렴한다. 따라서 주어진 특이적분은 수렴한다.

연습문제

• 특이적분

1. $\int_0^1 \sqrt[4]{x}\ log\ x\ dx$는 특이적분이 아님을 보여라.

(힌트) $\lim_{x \to 0+} \sqrt[4]{x}\ log\ x$

2. 특이적분 $\int_0^{\infty} \frac{1}{1+x^2} dx$을 계산하여라.

3. 계산으로 다음 특이적분의 수렴·발산을 판정하라.

(1) $\int_0^{\infty} e^{-x}\,dx$ 해답 1

(2) $\int_1^{\infty} \frac{1}{x} dx$ 해답 ∞

(3) $\int_1^{\infty} \frac{1}{x^2} dx$ 해답 1

(4) $\int_1^{\infty} \frac{1}{\sqrt{x}} dx$ 해답 2

(5) $\int_0^1 ln\ x\ dx$ 해답 -1

(6) $\int_{-1}^2 \frac{1}{x} dx$ 해답 $ln\,2$

4. 특이적분이 수렴함을 보여라.

(1) $\int_1^{\infty} \frac{1}{(1+x)\sqrt{x}}\, dx$

(힌트) $\sqrt{x} = t$

(2) $\int_1^{\infty} \frac{x+2}{x(x+1)} dx$

(3) $\int_0^{\infty} x^2 e^{-x^2} dx$

(힌트) $e^{-x^2} \le e^{-x}$, $[1, \infty)$

(4) $\int_2^{\infty} \frac{1}{x(\log x)^2} dx$

5. $\int_0^1 \frac{e^{-x}}{\sqrt{x}}\, dx$의 수렴·발산을 판정하여라.

(힌트) $0 \le \frac{e^{-x}}{\sqrt{x}} \le \frac{1}{\sqrt{x}}$

6. $\int_1^{\infty} \frac{x^{\alpha-1}}{1+x} dx$가 수렴하는 α의 범위를 구하라.

(풀이) $\int_0^{\infty} \frac{x^{\alpha-1}}{1+x} \le \int_0^{\infty} \frac{x^{\alpha-1}}{x} \left(= \int_0^{\infty} \frac{1}{x^{2-\alpha}} \right)$로부터 $2-\alpha > 1$, 즉 $\alpha < 1$

7. $\int_0^1 \frac{1}{\sqrt{1+x^p}} dx$ (단, $p > 0$)의 수렴·발산인 p의 범위를 구하라.

(힌트) $\frac{1}{\sqrt{2}\, x^{\frac{p}{2}}} \le \frac{1}{\sqrt{1+x^p}} \le \frac{1}{x^{\frac{p}{2}}}$

8. 다음 특이적분의 수렴·발산을 판정하여라.

(1) $\int_0^1 \frac{1}{\sqrt{\sin x}} dx$

(힌트) 구간에서 $\frac{x}{2} \le \sin x (\le x)$

(2) $\int_0^1 \frac{1}{\sqrt{\tan x}} dx$

(힌트) 구간에서 $\tan x \ge x$

Chapter 07 적분의 응용

1. 넓이·부피

꺽은 선이 아닌 곡선으로 둘러싸인 (다각형, 다면체가 아닌) 도형의 넓이, 부피 등은 어떻게 나타내고 구할 수 있을까? 주어진 도형이 구간 $[a,b]$상의 두 곡선 $y=f(x)$, $y=g(x)$ 으로 둘러싸인 영역의 넓이는 정적분

$$\int_a^b |f(x)-g(x)|\,dx$$

로 주어진다. 이런 종류의 도형의 넓이는 이와 같이 명백하게 적분으로 줄 수 있다. 따라서 미·적분 기본정리에 따라 원시함수를 구하면 그 값을 쉽게 구할 수 있다.

부피와 단면 넓이

입체도형의 부피의 경우도 구분구적법에서 다룬 방법을 쓸 수 있으나, 여기서는 정적분과 미·적분의 기본정리를 이용하여 계산하는 방법을 소개하고 직접 계산하는 예를 보이자.

입체도형의 부피 V는 단면의 넓이(함수)가 $S(x)$일 때, 정적분

$$V=\int_a^b S(x)\,dx$$

형태로 나타남을 알고 있다. 그 공식 유도 과정은 연습으로 남긴다.

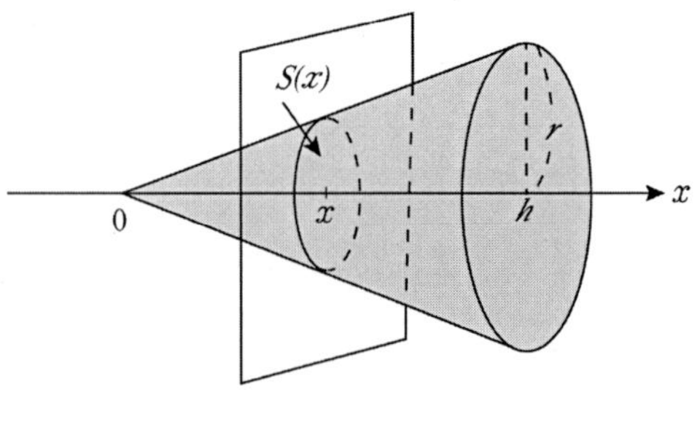

특히 입체도형이 회전체의 경우 단면의 넓이를 식 $S(x)$로 나타내기 쉬운 경우가 있지만, 결국 입체도형의 부피

를 구하려면 **단면넓이(함수)** $S(x)$를 구간 $[a, b]$상에서 정적분하는 것이다. 우리는 **회전체**의 경우와 비회전체의 경우로 나누어 예를 들어 보기로 하자.

회전체의 경우

예 제

구간 $[1, 3]$ 상의 $y = \frac{1}{x}$의 그래프를 x축으로 회전시켜 얻은 회전체의 부피를 구하여 보자.

풀이 $\int_1^2 \pi\left(\frac{1}{x}\right)^2 dx = \frac{2}{3}\pi$

회전체가 아닌 경우

회전체의 부피공식에서 회전체의 경우는 단면넓이(함수) $S(x)$를 구하기 쉬운 경우이다. 회전체가 아닌 입체 도형일지라도, 그 단면넓이(함수)를 구하기 쉬운 경우는 그 적분으로 부피를 구할 수 있다. [카발리에리 적분 원리 Cavalieri]는 두 도형의 단면이 같으면 그 적분은 같다는 것이다. 본질적으로 간단히 부피를 단면 넓이의 적분으로 본 것이다.59)

예 제

밑면의 면적이 B, 높이 h인 사면체의 부피는 $\frac{1}{3}Bh$임을 보여라.

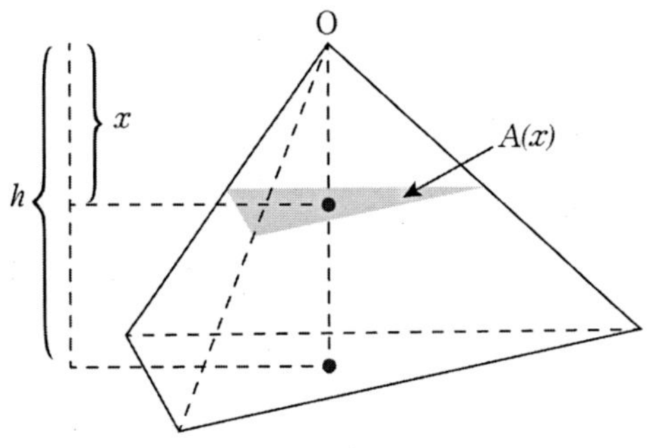

풀이 꼭짓점에서 거리 x에 있는 단면적$A(x)$는 닮음비로부터 $A(x) = B\left(\frac{x}{h}\right)^2$ 따라서 사

59) **미적분 Ⅱ [중적분]** 단원의 반복적분 참조.

면체 부피는 $\int_0^h A(x)\,dx = \dfrac{B}{h^2}\int_0^h x^2\,dx = \dfrac{1}{3}Bh$

예 제

밑면은 타원 $\dfrac{x^2}{a^2}+\dfrac{y^2}{b^2}=1$ 이고, x축에 수직인 단면이 항상 정삼각형인 입체의 부피를 구하자.

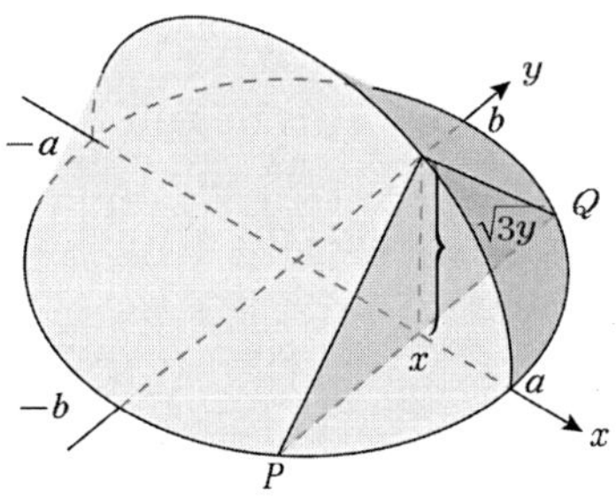

풀이 단면적(함수)는

$$A(x) = \frac{\sqrt{3}\,b^2}{a^2}(a^2-x^2).$$

따라서 입체의 부피는

$$V=\int_{-a}^{a} A(x)\,dx = \frac{4\sqrt{3}}{3}ab^2$$

원주각 법[60] *Shell Method*

양의 곡선 $y=f(x)>0$, $a \le x \le b$ 를 $x-$축 둘레로 회전하여 얻은 회전체 부피는

$$\pi\int_a^b y^2\,dx$$

그런데 $0<a\le x\le b$ 일 때, $y-$축 둘레로 회전시켜 얻어진 회전체는 가운데가 비어있다.

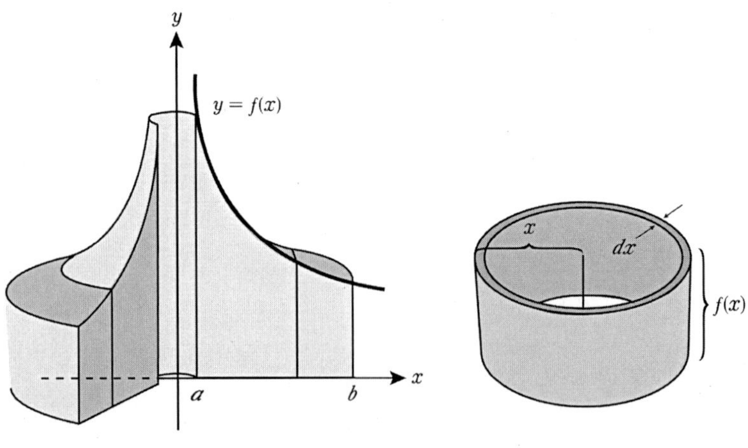

60) "원주각"에서 '**각**'($shell$)은 껍질을 나타내는 한자어 **(殼)**.

부피소 Volume Elements를 원통형 실린더 형태로 생각하여 그 부피를 구하자.

$$\begin{aligned} V_i &= (\text{바깥 원기둥}) - (\text{안쪽 원기둥}) \\ &= \pi x_{i+1}^2 f(c_i) - \pi x_i^2 f(c_i) \end{aligned}$$

여기서, 높이 $f(c_i)$는 원통 높이로, 함수의 연속성을 생각하면 $c_i \in [x_i, x_{i+1}]$는 임의로 선택가능하다.

$$V_i = \pi f(c_i)(x_{i+1} + x_i)(x_{i+1} - x_i) = 2\pi f(c_i) \left(\frac{x_{i+1} + x_i}{2} \right) \Delta x_i$$

따라서 구간 $[a, b]$상의 곡선 $y = f(x)(> 0)$을 $y-$축 둘레의 회전체의 부피 공식은 다음과 같다.

정리 (원주각 법)

$$V = \int_a^b 2\pi x f(x)\, dx$$

따름 정리

$0 < a < b$ 일 때 구간 $[a, b]$ 상의 $g(x) \le y \le f(x)$를 $y-$축 둘레의 회전체의 부피

$$V = \int_a^b 2\pi x [f(x) - g(x)]\, dx$$

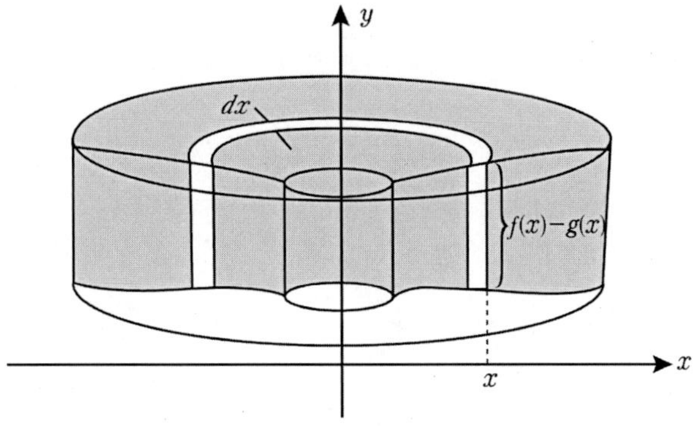

예제

원 $(x-a)^2+y^2=r^2$을 $y-$축 둘레로 회전시켜 얻어진 도넛 모양 입체[61] 의 부피를 원주각 방법으로 구하여 보자. 단 $0<r<a$.

풀이 위쪽 반의 두 배를 하면 된다.

$$(부피) = 2\int_{a-r}^{a+r} 2\pi x y \ dx = 4\pi \int_{a-r}^{a+r} x\sqrt{r^2-(x-a)^2}\ dx$$

$x-a=r\sin\theta$로 바꾸어 계산하면, 구하는 부피는 $(2a\pi^2)r^2$.

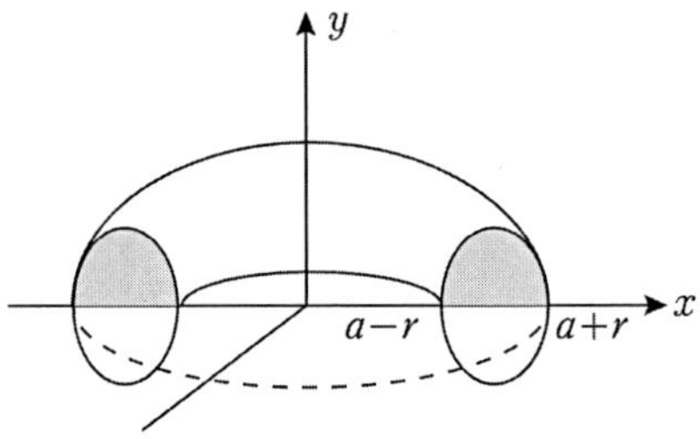

단원을 마무리하기 위하여, 앞 [예제]의 계산 과정을 보이기로 한다.

[계산 과정]

$$4\pi\int_{a-r}^{a+r} x\ (\sqrt{r^2-(x-a)^2}\ )\ dx \ = 4\pi\int_{-\frac{\pi}{2}}^{\frac{\pi}{2}} (a+r\sin\theta)(r\cos\theta)(r\cos\theta\, d\theta)$$

대칭 구간에서 (우)함수, (기)함수 적분 성질로부터 간단히

$$= 4a\pi r^2\int_{-\frac{\pi}{2}}^{\frac{\pi}{2}} \cos^2\theta \ \ d\theta$$

$$= 4a\pi r^2\left[\ \frac{\theta}{2}+\frac{\sin 2\theta}{4}\right]_{-\frac{\pi}{2}}^{\frac{\pi}{2}} = 4a\pi r^2 \cdot \frac{\pi}{2} = 2a\pi^2 r^2$$

61) 수학 용어로는 윤환체 (Solid) Torus라 한다. **바퀴(輪) 고리(環)**형태의 입체(體)라는 한자어. **체(體)**라는 말은 **속이 차 있는**(Solid) 입체이다. 도넛 모양 입체의 표면 a surface을 **윤환면** Torus이라 한다. **(수학에서 자주 인용되는 대표적 도형 중 하나)**

참고 부피는 (강체)이동 (rigid) motion에 의하여 불변 invariant이므로, 다음 그림과 같이 돌려놓고 생각하면 부피 공식을 간단히 적용할 수 있다. 즉,

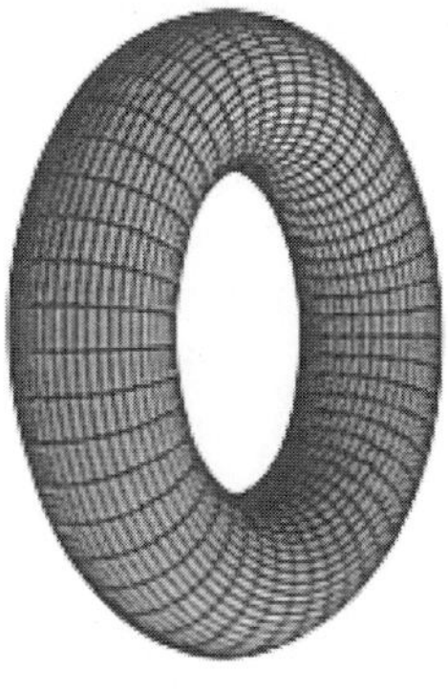

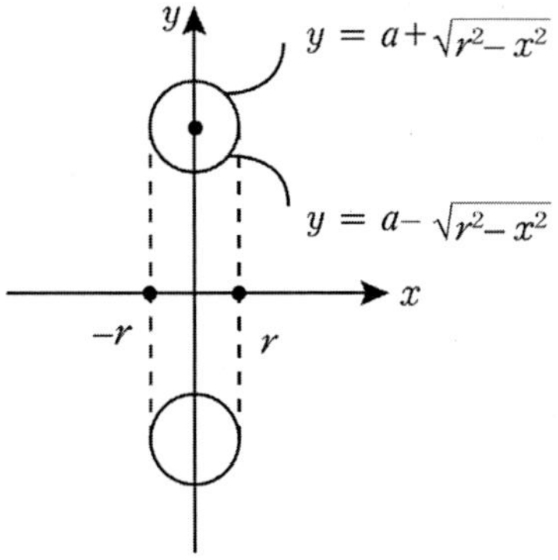

(부피) =(바깥 곡선 회전체) − (안쪽 곡선 회전체)

로 생각할 수 있으므로

$$\pi\int_{-r}^{r}\left(a+\sqrt{r^2-x^2}\right)^2 dx - \pi\int_{-r}^{r}\left(a-\sqrt{r^2-x^2}\right)^2 dx$$

$$= \pi\int_{-r}^{r} 4a\sqrt{r^2-x^2}\, dx$$

이므로 $x = r sin\,\theta$로 바꾸면, 같은 결과를 얻는다.

연습문제

• 영역의 넓이

1. 곡선 $y = x^2 + 6x + 5$와 $x-$축으로 둘러싸인 영역의 넓이를 구하라.

해답 $\dfrac{32}{5}$

2. 제 1상한에 있으며, $y = \sqrt{x}$, $x-$축, $y = x-2$로 둘러싸인 영역의 넓이를 구하라.

해답 $\dfrac{10}{3}$

• 회전체의 부피

3. 포물선 $x=y^2+1$과 직선 $x=5$로 둘러싸인 도형을 직선 $x=5$ 둘레로 회전하여 생기는 입체의 부피를 구하라.

해답 $\dfrac{512}{15}\pi$

• 단면적과 부피

4. 밑면의 반지름이 R, 높이가 H 인 원뿔의 부피는 $\dfrac{1}{3}\pi R^2 H$임을 보여라.

(힌트) 단면적과 닮음비

5. 본문에서 밑면은 타원 $\dfrac{x^2}{a^2}+\dfrac{y^2}{b^2}=1$이고, $x-$축에 수직단면이 항상 정삼각형인 입체의 부피는 $\dfrac{4\sqrt{3}}{3}ab^2$인 계산과정을 자세히 보여라.

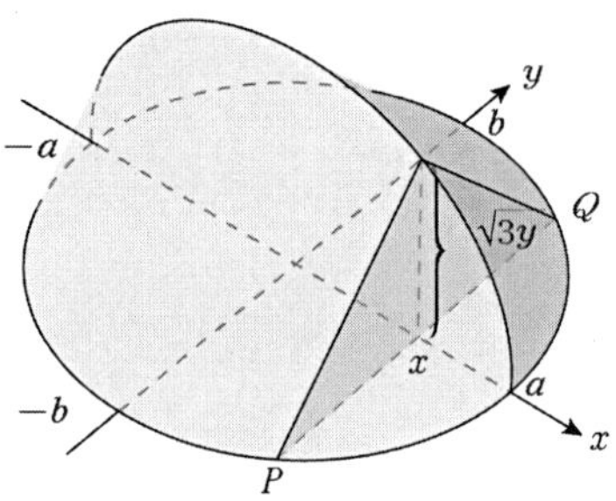

(힌트) 단면적 $A(x)=\dfrac{\sqrt{3}\,b^2}{a^2}(a^2-x^2)$

• 원주각 법

6. 다음에 답하라.

(1) $y=x^2$과 $y=2x$로 둘러싸인 도형을 $y-$축 둘레로 회전시킨 입체의 부피를 구하라.

해답 $\displaystyle\int_0^4 \pi\left(y-\frac{1}{4}y^2\right)dy=\frac{8}{3}\pi$

(2) 원주각 법을 이용하여 (1)을 구하라.

해답 $\displaystyle V=\int_0^2 2\pi x(2x-x^2)\,dx=\frac{8}{3}\pi$

7. 원 $x^2+(y-b)^2=r^2$, ($b>r$)을 $x-$축 둘레로 회전하여 생기는 원환체의 부피를 각

각의 방법으로 구하라.

(1) 두 회전체 부피의 차

(2) 원주각 법

해답 $2b\pi^2r^2$

8. $y=x^2$과 $y=2x$로 둘러싸인 도형을 $y-$축 둘레로 회전시킨 입체의 부피는 $\frac{8}{3}\pi$임을 각각의 방법으로 구하라.

(1) 두 회전체 부피의 차

(2) 원주각 법

2. 곡선 길이

곡선의 방정식은 다음 3가지 형태로 주어진다. 따라서 곡선의 길이 공식을 각각의 경우에 대하여 나타내고 이용하기로 한다.

(1) 그래프 곡선
(2) (매개변수) 곡선
(3) 극방정식 곡선

일반적으로, 평면곡선의 경로는 (2)의 형태로 정의된다. 그러므로 (2)의 공식을 표준으로 하여 (1), (3)의 경우는 (2)의 특별한 형태로 보아 유도할 수 있다.

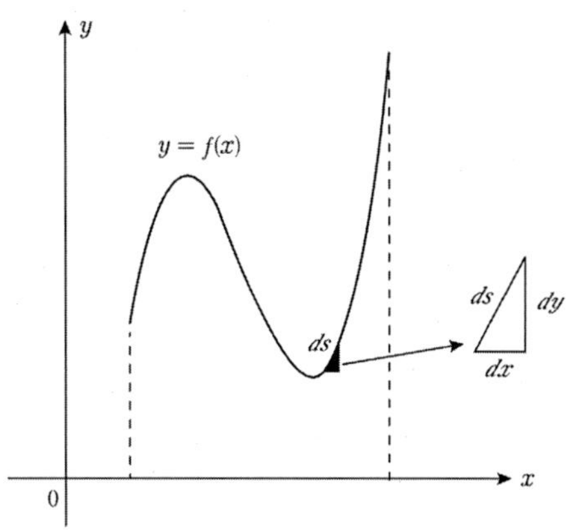

그래프 곡선의 길이[62)]

곡선의 길이는 다음 **선소** length elements의 무한 합으로 구한다.[63)]

62) 편의상 $y=f(x)$로 주어지는 곡선을 **그래프 곡선**이라 부르자. **(미적분 II)** 등위곡선 참조 .

$$\begin{aligned}\Delta s_i &= \sqrt{\Delta x_i^{\,2} + \Delta y_i^{\,2}} \\ &= \sqrt{1+\left(\frac{\Delta y_i}{\Delta x_i}\right)^2}\ \Delta x_i \\ &= \sqrt{1+[y'(c_i)]^2}\ \Delta x_i,\ \textbf{[평균값 정리]}\end{aligned}$$

즉, (호의 길이)의 미분 $ds = \sqrt{1+(f')^2}\ dx$이고, 따라서 곡선의 (총)길이 $\int ds$는 다음과 같다.

정리 (곡선 길이)

닫힌 구간 $[a, b]$상의 곡선 $y=f(x)$의 길이는 $\int_a^b \sqrt{1+[y'(x)]^2}\, dx$

(매개변수)곡선 길이

평면곡선의 경로가 매개변수 방정식으로

$$C: P(t)=(x(t), y(t)),\quad t\in[t_0, t_1]$$

로 주어져 있을 때, 다음과 같다.

정리 (매개변수)곡선 길이

$$\int_{t_0}^{t_1} \sqrt{\left(\frac{dx}{dt}\right)^2+\left(\frac{dy}{dt}\right)^2}\ dt$$

증명 **(선소)**= $\sqrt{\Delta x_i^{\,2} + \Delta y_i^{\,2}}$

$$= \sqrt{\left(\frac{\Delta x_i}{\Delta t_i}\right)^2+\left(\frac{\Delta y_i}{\Delta t_i}\right)^2}\ \Delta t_i = \sqrt{[x'(c_i)]^2+[y'(d_i)]^2}\ \ \Delta t_i$$

■

63) 곡선의 **길이 소** length element를 **선소** (線素)라고 부르기로 하자.

극방정식 곡선 길이

극방정식으로 주어진 곡선 $C: r=f(\theta)$, $\alpha \le \theta \le \beta$의 길이는 다음과 같다. 이는 (매개변수)곡선의 길이 공식 유도 과정이 되므로 미리 소개해두는 것이다.64)

따름 정리 (극방정식곡선 길이)

$$\int_{\alpha}^{\beta} \sqrt{r^2+(r')^2}\, d\theta$$

연습문제

1. 곡선 $x=\frac{t^3}{3}+\frac{1}{t}$, $y=2t$ 의 $t=1$에서 $t=3$ 가지의 길이 $\frac{28}{3}$임을 보여라.

2. $y=x^2$, $0 \le x \le 1$ 의 길이는 $\frac{\sqrt{5}}{2}+ln(\sqrt{5}+2)$임을 구하라.

(힌트) $2x=tan\,\theta$ 치환

3. 본문에서 주어진 곡선 $C{:}r=f(\theta)$, $\alpha \le \theta \le \beta$의 길이는 $\int_{\alpha}^{\beta} \sqrt{r^2+(r')^2}\, d\theta$임을 보여라.

3. 회전(곡)면 넓이 Surface Area

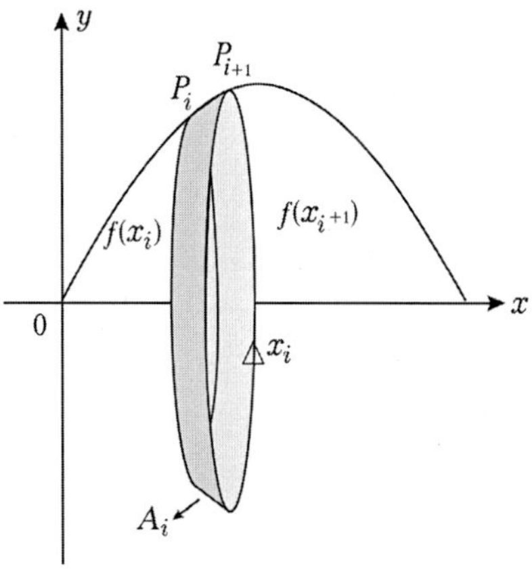

양의 곡선 $y=f(x)(a \le x \le b)$을 x축 둘레로 회전시킨 **회전(곡)면** surface of revolution을 세로로 분할하면 각각의 리본 형태, 즉 그림과 같이 원뿔대의 측면 형태의 **넓이 소** area elements로 근사할 수 있다.

---

64) **8장 [극방정식의 미·적분]** 단원을 참고하기로 한다.

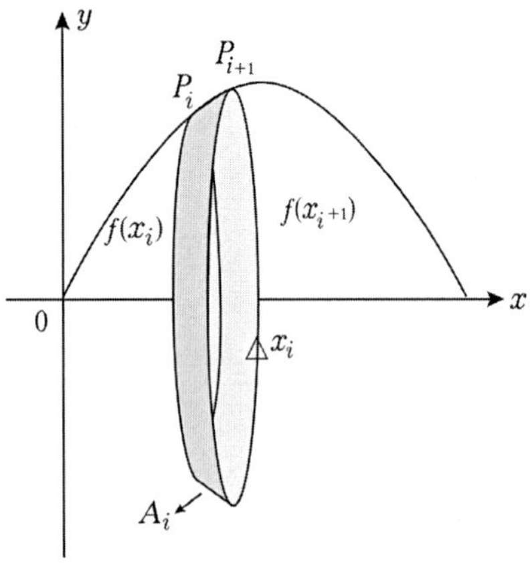

회전면의 넓이

적분 구간 $[a, b]$를 $a = x_0, x_1, \cdots, x_n = b$ 라 분할 P라 하고, $y_i = f(x_i)$로 쓰면, 점 $P_i(x_i, y_i)$는 곡선 위에 있다. 소 구간 $[x_i, x_{i+1}]$ 상의 해당 선분 $\overline{P_iP_{i+1}}$ 을 $x-$축 둘레로 회전시킨 곡면을 생각하여 회전면의 넓이를 얻는다.

원뿔대의 상·하반경 r: y_i, y_{i+1}

원뿔대의 모선 길이 l: $|\overline{P_iP_{i+1}}|$

즉, $|\overline{P_iP_{i+1}}|$

$$= \sqrt{\Delta x_i^2 + \Delta y_i^2} = \sqrt{1 + \frac{\Delta y_i^2}{\Delta x_i^2}} \cdot \Delta x_i$$

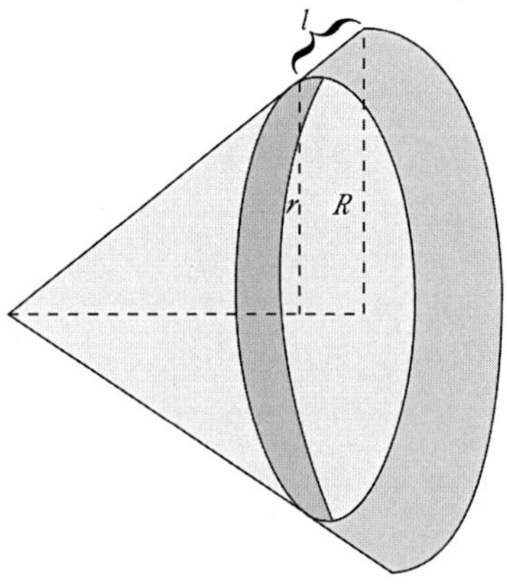

단원 끝 **[참고]**의 **원뿔대의 넓이공식**으로 부터

$[x_i, y_i]$ 사이의 (회전면 넓이) $\approx$

$$\pi(y_i + y_{i+1})\sqrt{1 + \frac{\Delta y_i^2}{\Delta x_i^2}}\ \Delta x_i$$

[평균값 정리]에 따라 $\frac{\Delta y_i}{\Delta x_i} = y'(c_i)$, $x_i < c_i < x_{i+1}$이므로, 양의 곡선 $y = f(x)$ (≥ 0) ($a \leq x \leq b$)을 x축 둘레로 회전시킨 회전면의 넓이는 정적분의 정의에 따라 다음과 같다.

> **회전면 넓이**
>
> $$\int_a^b (2\pi)\, y\sqrt{1 + (y')^2}\ dx$$

예 제

반지름이 R인 **구면** sphere의 넓이가 $4\pi R^2$임을 확인하여라.

풀이 구면은 원 $x^2+y^2=R^2$을 $x-$축 둘레로 회전시켜 얻은 회전면이므로

$$(\text{구면의 넓이}) = \int_{-R}^{R} 2\pi\sqrt{R^2-x^2}\sqrt{1+\left(\frac{-x}{\sqrt{R^2-x^2}}\right)^2}\,dx$$
$$= \int_{-R}^{R} 2\pi R\,dx = 2\pi R(2R) = 4\pi R^2$$

예 제

곡선 $y=\sin\ x\ (0 \le x \le \pi)$를 $x-$축 둘레로 회전하여 생긴 회전면의 넓이를 구하여 보자.

풀이 $A = 2\pi\int_0^{\pi} \sin x\sqrt{1+\cos^2 x}\,dx$

$$= -2\pi\int_1^{-1}\sqrt{1+u^2}\,du,$$
$$= 2\pi\int_{-\frac{\pi}{4}}^{\frac{\pi}{4}}\sqrt{1+\tan^2\theta}\ \sec^2\theta\,d\theta$$
$$= 2\pi\int_{-\frac{\pi}{4}}^{\frac{\pi}{4}}\sec^3\theta\,d\theta$$

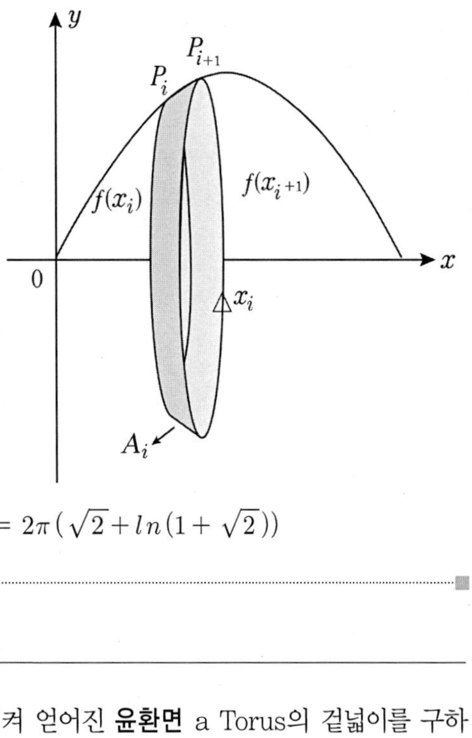

$$= 2\pi[\sec\theta\tan\theta + \ln|\sec\theta+\tan\theta|]_{-\frac{\pi}{4}}^{\frac{\pi}{4}} = 2\pi(\sqrt{2}+\ln(1+\sqrt{2}))$$

예 제

원 $(x-a)^2+y^2=r^2$을 $y-$축 둘레로 회전시켜 얻어진 **윤환면** a Torus의 겉넓이를 구하여라. 단, $0<r<a$

[풀이 개요] 윤환면을 세로로 세워 구해보자. (바깥)원이 만든 회전면과 (안쪽)원이 만든 회전면으로 나누어 구한다. 이 때, 곡선 $x^2+(y-a)^2=r^2$을 x축 둘레로 회전시킨 것으로 보면 된다.

[계산 과정] (윤환면 넓이) $= 2\pi \int_{-r}^{r} [\sqrt{r^2 - x^2} + a] \sqrt{1 + (\frac{-x}{\sqrt{r^2 - x^2}})^2}\, dx$

$$+ 2\pi \int_{-r}^{r} [-\sqrt{r^2 - x^2} + a] \sqrt{1 + (\frac{-x}{-\sqrt{r^2 - x^2}})^2}\, dx$$

$$= 2\pi \int_{-r}^{r} 2a \frac{r}{\sqrt{r^2 - x^2}}\, dx$$

$$= 4\pi a r \int_{-r}^{r} \frac{1}{\sqrt{r^2 - x^2}} dx$$

$$= 4\pi ar \int_{-\frac{\pi}{2}}^{\frac{\pi}{2}} \frac{1}{r\cos\theta} (r\cos\theta)\, d\theta = 4\pi^2 ar$$

[참고] 원뿔대(臺)의 옆면 넓이

(그 모선을 따른 전개도를 보면) 바깥 부채꼴과 안쪽 부채꼴의 넓이의 차가 된다. 원뿔대의 상하 반지름이 각각 r_1, r_2, 옆 높이 : l일 때,

(원뿔대의 옆면 넓이) $= \pi(r_1 + r_2)l$

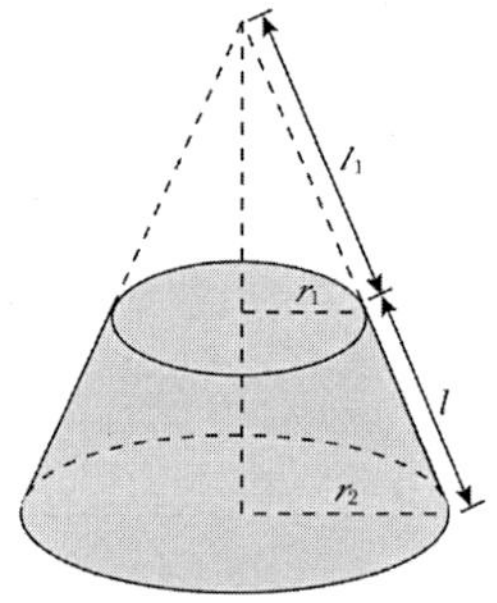

연습문제

• 회전면의 넓이

1. 곡선 $y = \sin x$, $0 \le x \le \pi$를 $x-$축 둘레로 회전하여 생기는 회전면의 넓이는 $2\pi(\sqrt{2} + \ln(1 + \sqrt{2}))$ 임을 보여라.

2. 반지름 r인 공 표면(즉, **구면**) S의 표면적은 $4\pi r^2$임을 보여라.

3. 회전체의 겉넓이 공식을 써서 아이스크림 콘 cone의 겉넓이를 구하라. 콘 부분은 높이 10 cm, 밑면의 반지름 4.5 cm이고, 아이스크림은 반구(半球) 형태이다.

해답 85.5π

다음은 **[(매개변수)함수]** 단원을 참조하여 풀어보시오.

4. (매개변수)곡선을 회전시켜 얻는 회전면의 넓이공식 $2\pi\int_a^b y\sqrt{\left(\frac{dx}{dt}\right)^2+\left(\frac{dy}{dt}\right)^2}\,dt$를 유도하여라.

5. 성망(星網)형 곡선 $x = a\,cos^3 t, y = a sin^3 t$, $(0 \le t \le \pi,\ a > 0)$를 $x-$축 둘레로 회전하여 생기는 회전체의 표면S 의 표면적은 $\frac{12}{5}\pi a^2$ 임을 구하라.

Chapter 08 (매개변수)함수의 미·적분

1. (매개변수)곡선

곡선을 나타내는 방법은 다음과 같다. 평면을 움직이는 점의 좌표는 시간의 t의 함수로 주어진다. 즉, t로 주어진 두 개의 함수로 주어진다.

$$x=f(t), \quad y=g(t)$$

이것은 어떤 곡선을 따라 움직이는 점을 나타내는 것이다.

예제

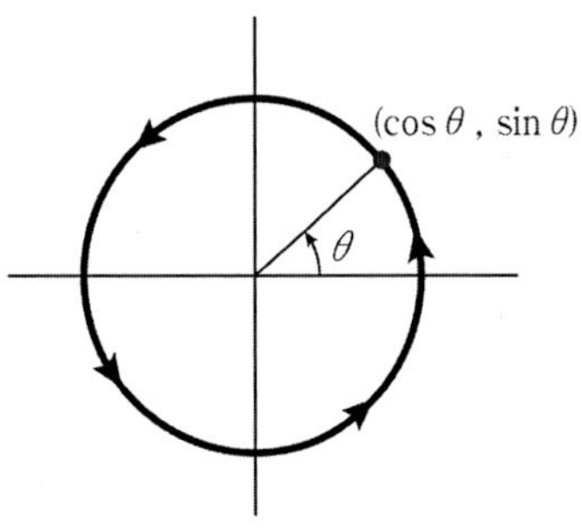

$x=cos\,\theta$, $y=sin\ \theta$일 때, 점(x,y)는 원주 상의 점을 나타낸다.

여기서 편각 θ를 시간의 함수로 나타낼 수 있다. 이를테면, 어떤 입자가 원주 상을 일정한 **각속력** ω로 운동할 때65),

$$\theta=\omega t$$

가 되어

$$x=cos\,(wt),\ y=sin\ (wt)$$

65) **각속력** angular velocity은 $\dfrac{d\theta}{dt}$을 나타낸다.

로 나타나는 것이다.

이와 같이 (x, y)를 두 개의 t 함수로 나타낸 것을 (**매개변수** a parameter) t를 이용하여 (매개변수)곡선라고 한다.

예제

곡선 $x = t^2$, $y = t^3$을 그려보아라.

풀이 $\frac{dx}{dt} = 2t$, $\frac{dy}{dt} = 3t^2$로부터 x는 $t > 0$일 때 증가, $t < 0$일 때 감소. 한편 y는 $t \neq 0$ 일 때 증가

한편 $t \neq 0$일 때 $x > 0$이므로 그래프의 개형은 그림과 같다.66)

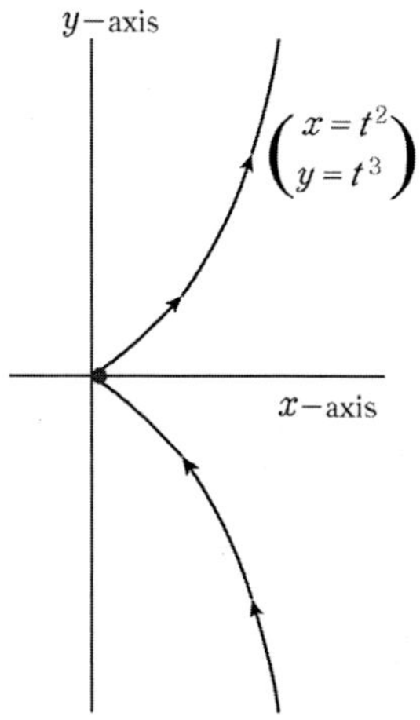

예제

곡선 $x(t) = \frac{e^t + e^{-t}}{2}$,

$y(t) = \frac{e^t - e^{-t}}{2}$을 그려 보자.

풀이 $x^2 - y^2 = 1$로부터 점들이 쌍곡선 상에 놓인다. 한편, $x(t) > 0$이므로 그림과 같다.67)

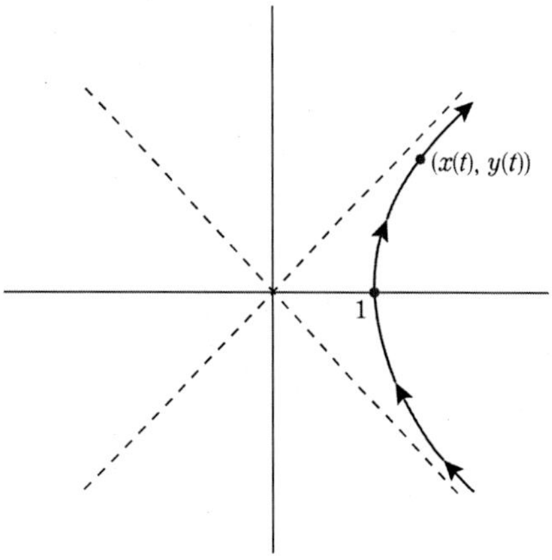

---

66) t를 소거하면 $y^2 = x^3$ 또는 $y = \pm\, x^{\frac{3}{2}}$. 다음 절 [예제] 비교.

67) **쌍곡선 함수** hyperbolic functions 단원 참조.

(매개변수)방정식과 경로

평면 곡선 C 의 경로는 t가 a에서 b까지 변할 때 C: $P(t) = (x(t), y(t))$로 주어진다.

$$C : \begin{cases} x = x(t) \\ y = y(t) \end{cases} \quad t \in [a, b]$$

이 형태를 곡선 C 의 **(매개변수)방정식** parametric equations이라 한다.[68)]

여기서 곡선 C 의 **경로** a path는 다음과 같은 함수(대응)이다.

$$\begin{aligned} P \ : \ &[a, b] (\subseteq R^1) \to R^2 \\ &t \mapsto (x(t), y(t)) \end{aligned}$$

하나의 곡선에는 여러 가지 경로를 줄 수 있다. **[공간곡선] 단원을 참조하라.**

예 제

원 $x^2 + y^2 = r^2$의 다음 두 가지 경로의 **속력**을 비교하여 보아라.

(경로 1) $x(t) = r\cos\theta$, $y(t) = r\sin\theta$, $\theta \in [0, 2\pi]$

(경로 2) $x(t) = r\cos 2\theta$, $y(t) = r\sin 2\theta$, $\theta \in [0, \pi]$

풀이 두 번째 (경로 2)는 속력이 두 배인 경로이다.

예 제

타원 $\dfrac{x^2}{a^2} + \dfrac{y^2}{b^2} = 1$의 (매개변수)방정식을 구하여라.

풀이 $\left(\dfrac{x}{a}\right)^2 + \left(\dfrac{y}{b}\right)^2 = 1$에서 $x(t) = a\cos\theta$, $y(t) = b\sin\theta$, $\theta \in [0, 2\pi]$

68) **운동 방정식**(*Equation of Motion*)은 이런 형태로 나타난다. 이 때, 매개 변수 t는 time의 앞 글자.

곡선의 (매개변수)방정식을 다음과 같이 구할 수 있다.[69]

예 제

(데카르트 곡선 Descartes) $x^3 + y^3 = 3xy$ (folium)을 (매개변수) $t(= \frac{y}{x})$를 이용하여 나타내자.

예 제

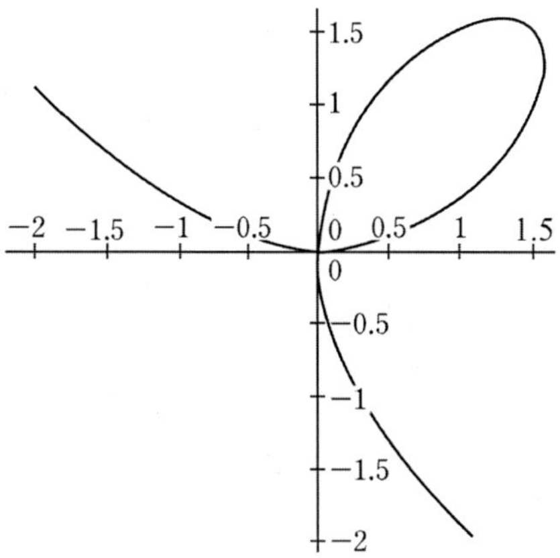

풀이 $y = t\,x$(t는 원점을 지나는 직선 기울기)로 쓰고 대입하여 정리하면,

$$x = \frac{3t}{1+t^3}$$

$$y = \frac{3t^2}{1+t^3}$$

연습문제

• (매개변수)방정식

1. 점의 자취가 다음과 같을 때, 움직인 자취를 구하라.

(1) 임의의 실수 t에 대하여 $x(t) = t+1,\ y(t) = 2t-5$

해답 $y = 2x - 7$

69) 매개 변수는 주로 시간, 편각을 나타낸다.

(2) $0 \le t \le \pi$일 때 $x(t) = sin^2 t,\ y(t) = cos\, t$

해답 $x = 1 - y^2\ (-1 \le y \le 1)$

2. $\dfrac{x^2}{a^2} + \dfrac{y^2}{b^2} = 1$을 (매개변수)방정식으로 나타내라.

해답 $x(t) = a\ cos\ t,\ y(t) = bcos\ t,\ t \in [0, 2\pi]$ 또는 $x(t) = a\ cos\ (nt),$

$y(t) = bcos\ (nt),\quad t \in [0, \dfrac{2\pi}{n}]$

3. 다음 (매개변수)방정식을 직교 방정식으로 나타내어보아라.

$$x(t) = rcos^3 t,\quad y(t) = rsin^3 t$$

해답 $x^{\frac{2}{3}} + y^{\frac{2}{3}} = r^{\frac{2}{3}}$

4. 성망(星網)형 $(astroid)$ $\begin{cases} x(t) = rcos^3 t \\ y(t) = rsin^3 t \end{cases}$ 는 직교방정식으로 $x^{\frac{2}{3}} + y^{\frac{2}{3}} = r^{\frac{2}{3}}$ 임을 보여라.

5. 사이클로이드곡선 Cycloid $\begin{cases} x = r(t - sint) \\ y = r(1 - cos\, t) \end{cases}$ 는 직교방정식으로

$x = rcos^{-1}(\dfrac{r-y}{r}) \pm \sqrt{2ry - y^2}$ 임을 보여라.

6. 원의 $\begin{cases} x = cos\ \theta \\ y = sin\ \theta \end{cases}$ 의 다른 (매개변수)방정식은 원 상의 점 (x, y)에 대하여, (매개변수) $t = \dfrac{y}{1+x}$를 사용하면 $\begin{cases} x = \dfrac{1-t^2}{1+t^2} \\ y = \dfrac{2t}{1+t^2} \end{cases}$ 임을 보여라.

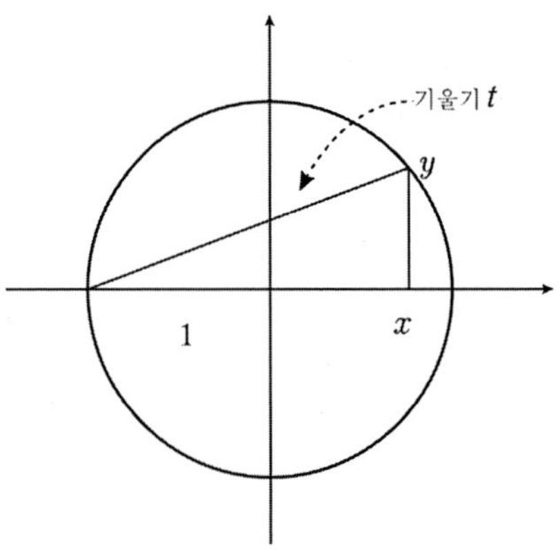

2. (매개변수)곡선의 접선

(매개변수)곡선의 접선은 다음과 같이 여러 가지 경우가 있을 수 있다.

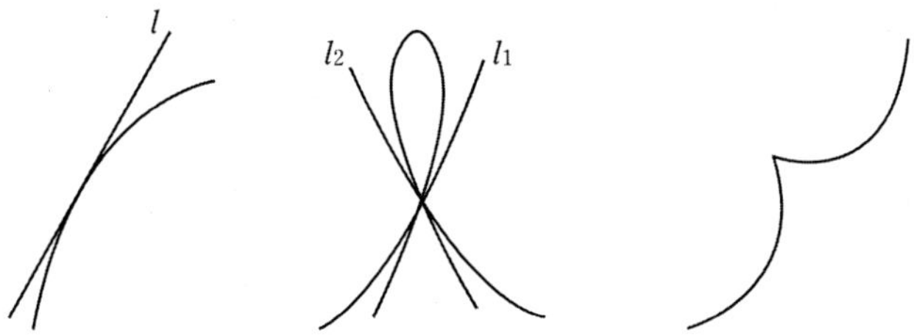

접선이 하나. 접선이 두개. 접선이 없다.

참고로 두 번째 곡선은 다른 시간에 같은 지점을 통과하는 것이다. 즉,

$$C(t_1) = C(t_2), \quad t_1 \neq t_2$$ [70]

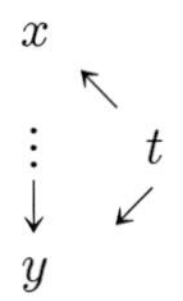

평면 곡선 C의 경로 $C: P(t) = (x(t), y(t))$, $t \in [a, b]$로 주어질 때 접선의 기울기는 **[합성함수 미분법]**으로부터 다음과 같다. 이 때 변수간의 종속관계를 생각한 화살표 그림으로 나타내어 적용하면 결과를 얻는다.[71]

(접선 기울기: (매개변수)곡선)

$$\frac{dy}{dx} = \frac{\left(\frac{dy}{dt}\right)}{\left(\frac{dx}{dt}\right)}$$

참고 (분모) $\frac{dx}{dt} = 0$인 경우

(1) $\frac{dy}{dt} \neq 0$일 때, $\frac{dx}{dy} = 0$이 되어, 즉 (수직)접선을 갖는다.

(2) $\frac{dy}{dt} = 0$ 일 때, 다음 **예를 들어 보이기**로 한다.

---

70) [수학 용어]로 나타내면 함수 $C(t)$는 **1 대 1(또는 단사)**가 아니다.

71) **미적분 Ⅱ** [다변수 함수의 미분] 단원의 합성함수 미분법(**체인 룰** a chain rule) 참조.

예 제

(매개변수)방정식 $x=t^3$, $y=t^2$, 또는 직교방정식으로는 $y^3=x^2$, 즉 $y=\sqrt[3]{x^2}$로 그래프를 그려보면 알 수 있다. 원점에서 그래프는 **첨점** cusp을 갖는다. 접선이 정의되지 않는 경우이다.

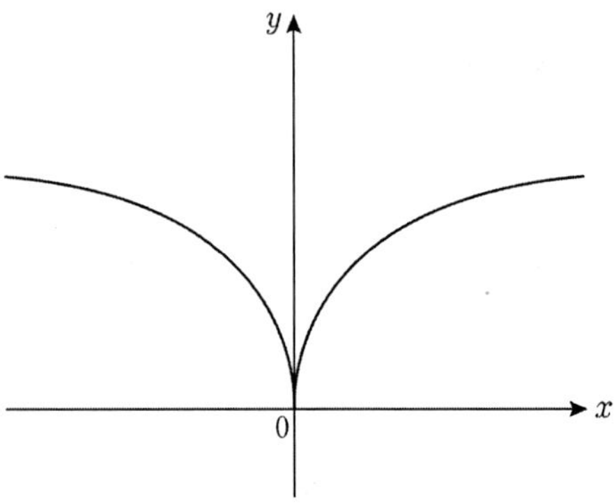

3. 극방정식 곡선

$$[r,\theta] \Leftrightarrow [-r,\theta+\pi]$$

극좌표 polar coordinates

한 점 P를 직교좌표 (x,y)와 극좌표 $[r,\theta]$로 나타낼 때 이들 사이의 (좌표변환)관계식은 다음과 같다.

$$\begin{cases} x = r\cos\theta \\ y = r\sin\theta \end{cases}$$

또는

$$\begin{cases} r = \sqrt{x^2+y^2} \\ \theta = \tan^{-1}\left(\dfrac{y}{x}\right) \end{cases}$$

직교좌표 (x,y)를 나타내는 극좌표를 $[r,\theta]$로 쓰면

$$[-r,\ \theta+\pi]$$
$$[r,\ \theta+2n\pi] \ (n \text{ 은 정수})$$

은 모두 같은 점을 나타낸다.[72] 왜냐하면

$$\begin{cases} x = r\cos(\theta + 2n\pi) = (-r)\cos(\theta+\pi) = r\cos\theta \\ y = r\sin(\theta+2n\pi) = (-r)\sin(\theta+\pi) = r\sin\theta \end{cases}$$

이기 때문이다.

[주의] 여기서는 혼동을 피하기 위하여 직교좌표는 (,), 극좌표는 [,] 꼴로 차별화하기로 한다.

예 제

직교좌표 $(-2, 2\sqrt{3})$을 극좌표로 고치자.

풀이 $r^2 = (-2)^2 + (2\sqrt{3})^2 = 16$에서 $r = \pm 4$. 그런데 $r = 4$일 때 $-2 = 4\cos\theta$, $2\sqrt{3} = 4\sin\theta$에서 $\theta = \frac{2\pi}{3}$. 따라서 같은 점을 나타내는 극좌표는

$$\left[4, \frac{2\pi}{3}\right], \quad \left[4, \frac{2\pi}{3} + 2n\pi\right], \quad \left[-4, \frac{2\pi}{3} + 2n\pi + \pi\right]$$

일반형으로 쓰면

$$\left[(-1)^n 4, \frac{2\pi}{3} + n\pi\right]$$

극방정식 곡선의 그래프

극방정식은 다음 형태로 주어진다. 따라서 극방정식으로부터 (매개변수)곡선 형태를 나타낼 수 있다. 즉,

극방정식 polar equations

$$r = f(\theta) \ \ (\alpha \le \theta \le \beta)$$

72) [MAIN] 이를테면, 편각 $\theta = \pi$에 대한 극좌표 $[-2, \pi]$는 극좌표 $[2, \pi+\pi]$와 같은 점이다. 즉, 극방정식에서 극좌표의 $r \le 0$일 때는, **원점에 대한 대칭점**에 그 그래프가 나타나게 된다.

는 (좌표)변환 transform 관계식

$$T : \begin{cases} x = r\cos\theta \\ y = r\sin\theta \end{cases}$$

로부터 곡선

$$C : \begin{cases} x = f(\theta)\cos\theta \\ y = f(\theta)\sin\theta \end{cases}$$

즉, C 는 매개변수 θ로 주어진 (매개변수)곡선으로 이해 할 수 있다.

따라서 그 미·적분 공식은 앞에서 배운 결과로 얻게 되는 것이다. 그 미·적분 공식의 유도는 **단원 끝부분에 다루기로 한다.**

이제 극방정식곡선의 그래프를 그려 보기로 한다. 우리는 극방정식곡선의

① 그래프
② 교점
③ (해당) 편각

을 잘 나타낼 수 있어야 곡선으로 둘러싸인 넓이 등을 정확히 구할 수 있다.

예 제

$r = 2 + 4\cos\theta$의 그래프를 그려보자.

[풀이 개요] 다음 왼쪽 그림을 참조하여 오른쪽 그래프를 얻는다.

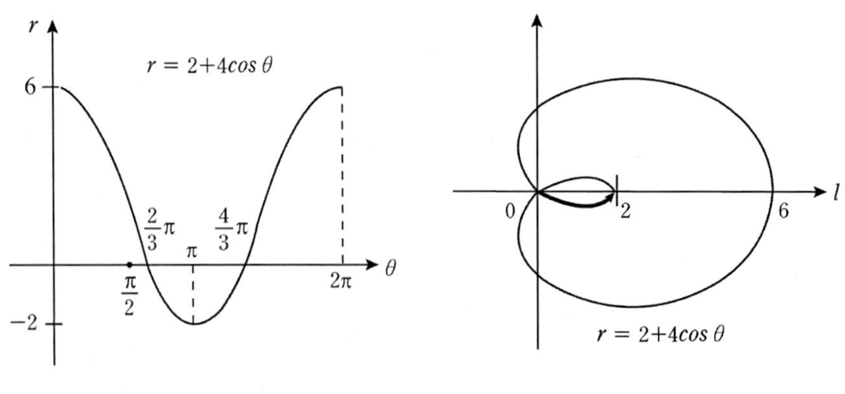

[풀이 개요 해설] (1) 먼저 θ, r 평면에 삼각함수의 그래프를 그린다.

(2) 편각 θ의 값이 $0 \to \frac{\pi}{2} \to \frac{2\pi}{3}$ 까지는 r의 값이 $6 \to 2 \to 0$ 으로 감소하므로, $x-y$평면에서는 편각에 따라 그림과 같다. 마찬가지 방법으로 θ가 $\frac{4\pi}{3} \to \frac{3\pi}{2} \to 2\pi$ 부분에 대한 그래프를 그린다.

[주의] 편각 $\frac{2\pi}{3} \to \pi \to \frac{4\pi}{3}$에 대하여 r의 값은 $0 \to -2 \to 0 (r \le 0)$로 변한다. 따라서 $\frac{2\pi}{3} \to \pi \to \frac{4\pi}{3}$에 대한 그래프를 **[$x-y$ 평면]**에 나타내면 앞의 **오른쪽 그래프**를 얻게 된다.

대칭성을 이용하면 극방정식의 그래프를 쉽게 그릴 수 있다. 이를테면, 앞의 예 $r = 1 - 2\cos\theta$ 에 대하여 $\cos(-\theta) = \cos\theta$ 이므로 $[0, \pi]$까지 그린 후 나머지 부분은 대칭성을 이용하여 그리면 된다.

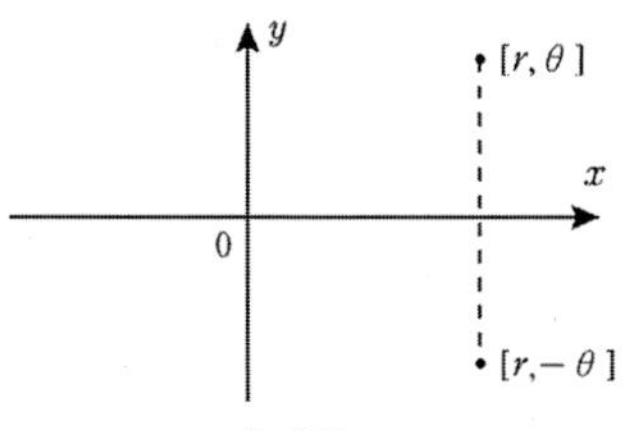

x 축대칭

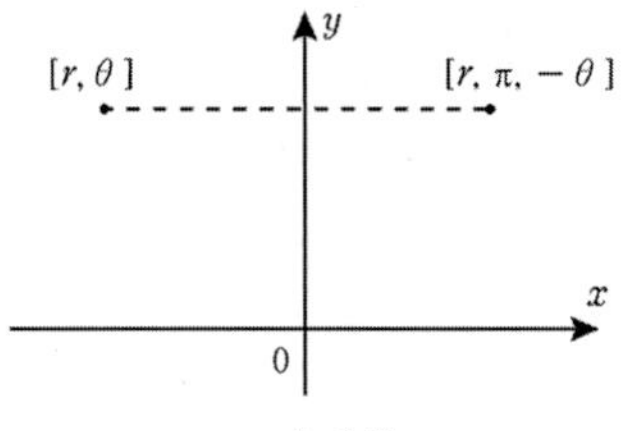

y 축대칭

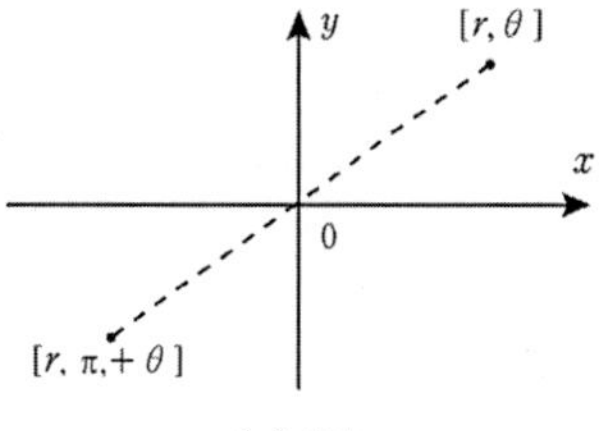

원점대칭

예제

$r = \cos 2\theta$를 대칭성을 이용하여 그려보자.

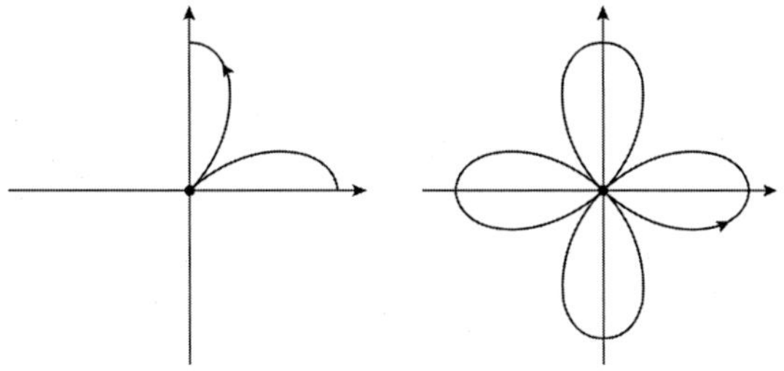

[풀이 개요] 대칭성을 생각하면, 그림의 첫 부분인 $[0, \frac{\pi}{2}]$에 해당하는 그래프를 가지면 충분하다.

연습문제

• 극방정식 곡선

1. 다음을 확인하시오.

(a) $r = 1 - sin\ \theta$의 그래프는 $r = 1 + cos\ \theta$의 그래프를 시계반대방향으로 $\frac{\pi}{2}$만큼 회전시킨 것이다.

(b) $r = 1 - sin\ \theta$의 그래프는 $r = 1 + cos\ \theta$를 시계반대 방향으로 $\frac{3\pi}{2}$만큼 회전

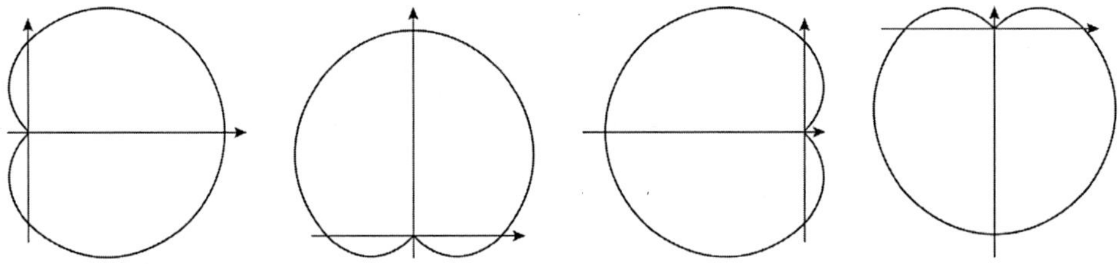

$r = 1+\cos\theta$ $r = 1+\sin\theta$ $r = 1-\cos\theta$ $r = 1-\sin\theta$

• 극방정식 교점

2. 다음 곡선들의 교점을 확인하여라.

(1) $\begin{cases} r = 2 - cos\ \theta \\ r = 3\ cos\ \theta \end{cases}$ 극좌표 $[\frac{3}{2}, \pm\frac{\pi}{3}]$, 원점

(2) $\begin{cases} r = 1 \\ r = 2cos\ \theta \end{cases}$ 극좌표 $[1, \pm\frac{\pi}{3}]$, 원점

• (매개변수)방정식

3. 한 점 $P_1(t)$가 $C_1 : \begin{cases} x_1(t) = \frac{16}{3} - \frac{8}{3}t \\ y_1(t) = 4t - 5 \end{cases}$ 을 따라 움직이고, 다른 한 점 $P_2(t)$는

$C_2 : \begin{cases} x_2(t) = 2sin\ \frac{\pi t}{2} \\ y_2(t) = -3cos\ \frac{\pi t}{2} \end{cases}$ 를 따라 움직인다. 단, $t \geq 0$

(1) 두 점은 각각 $3x+2y-6=0$, $\frac{x^2}{4}+\frac{y^2}{9}=1$위를 움직임을 보여라.

(2) 방정식을 풀어 교점 $(2,0)$, $(0,3)$임을 보여라.

(3) $(0,3)=(x_1(2), y_1(2))=(x_2(2), y_2(2))$임을 구하라.[73]

또, $(2,0)=(x_1(\frac{5}{4}), y_1(\frac{5}{4}))$, $(2,0)\neq(x_2(\frac{5}{4}), y_2(\frac{5}{4}))$임을 보여라.

• (매개변수)방정식의 미분

4. 주어진 점에서 미분계수를 구하여 보자.

(1) 곡선 $x(t)=t^3$, $y(t)=1-t$ 위의 점 $(8,-1)$

해답 $\frac{y'(2)}{x'(2)}=-\frac{1}{12}$

(2) 곡선 $x(t)=r(t-\sin t)$, $y(t)=r(1-\cos t)$ (사이클로이드) 위의 점 $(0,0)$

해답 정의되지 않는다.

4. 극방정식 곡선의 미·적분

앞에서 극방정식 곡선의 길이 공식을 일반적 곡선의 길이 공식으로부터 유도하였다. 여기서는 극방정식 곡선의 그래프와 그 극방정식으로 주어지는 곡선의 미·적분에 대하여 다루기로 한다.

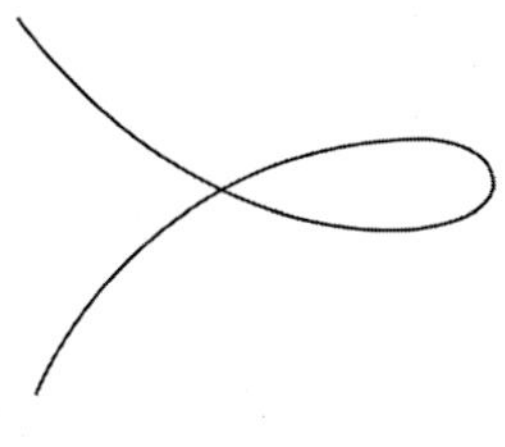

- **극방정식 곡선의 접선**
- **극방정식 곡선과 길이, 넓이**

극방정식 곡선의 접선

곡선 C의 극방정식 $r=f(\theta)$는 좌표관계식으로부터

---

73) 교점(*Intersection*) 중 $(0,3)$은 같은 시간에 지나는 점이므로 **충돌 점** collision이라 한다.

$$x = r\cos\theta = f(\theta)\cos\theta$$
$$y = r\sin\theta = f(\theta)\sin\theta$$

로 경로 $C: P(\theta) = (x(\theta), y(\theta))$가 주어진 것이다. 따라서 경로는 (매개변수)방정식이므로 $\frac{dy}{dx} = \frac{\left(\frac{dy}{d\theta}\right)}{\left(\frac{dx}{d\theta}\right)}$로부터 도함수는 다음과 같다.

정리 (접선 기울기)

$$\frac{dy}{dx} = \frac{r'\sin\theta + r\cos\theta}{r'\cos\theta + r(-\sin\theta)}$$

예제

심장형 곡선 $r = 1 + \cos\theta$의 접선의 기울기

풀이 $\frac{dy}{d\theta} = (-\sin\theta)\sin\theta + (1+\cos\theta)\cos\theta = \cos^2\theta - \sin^2\theta + \cos\theta$

$\frac{dx}{d\theta} = (-\sin\theta)\cos\theta - (1+\cos\theta)\sin\theta = -2\sin\theta\cos\theta - \sin\theta$

따라서 $\frac{dx}{d\theta} = -2\sin\theta\cos\theta - \sin\theta \neq 0$, 즉, $\theta \neq 0, \frac{2}{3}\pi, \frac{4}{3}\pi$일 때

$$\frac{dy}{dx} = \frac{\left(\frac{dy}{d\theta}\right)}{\left(\frac{dx}{d\theta}\right)} = \frac{\cos^2\theta - \sin^2\theta + \cos\theta}{-2\sin\theta\cos\theta - \sin\theta}$$

$\theta = 0, \frac{2}{3}\pi, \frac{4}{3}\pi$ 일 때는 수직인 접선을 가짐을 알 수 있다.

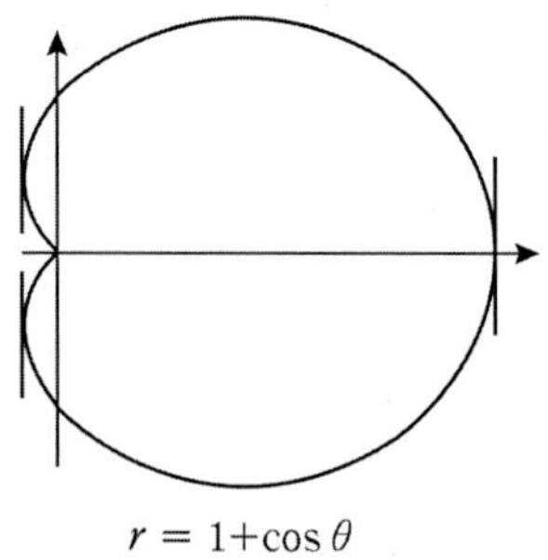

$r = 1+\cos\theta$

예 제

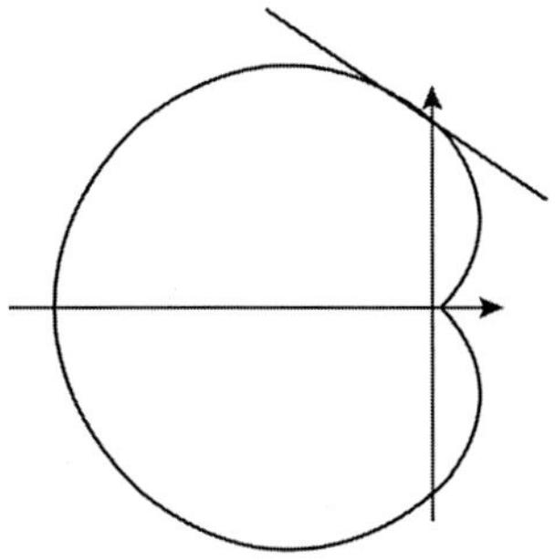

$r = 1 - \cos\theta$

$r = 1 - \cos\theta$의 $\theta = \dfrac{\pi}{2}$에서의 접선 기울기

풀이 $\dfrac{\sin\theta\sin\theta + (1-\cos\theta)\cos\theta}{\sin\theta\cos\theta - (1-\cos\theta)\sin\theta}\Big|_{\theta=\frac{\pi}{2}} = -1$

극방정식 곡선 길이

곡선의 길이 공식에서 소개한 극방정식 $r = f(\theta)$, $\alpha \le \theta \le \beta$로 주어진 곡선 C의 길이는 다음과 같다.

따름 정리 (극방정식 곡선 길이)

$$\int_{\alpha}^{\beta} \sqrt{r^2 + (r')^2}\ d\theta$$

증명 좌표관계식에서 $r = f(\theta)$이므로

$$x = r\cos\theta = f(\theta)\ \cos\theta$$
$$y = r\sin\theta = f(\theta)\ \sin\theta$$

곡선 C의 (매개변수) θ에 대한 경로로 보고, 앞의 결과에 $t \mapsto \theta$로 적용하면,

$$\sqrt{\left(\frac{dx}{d\theta}\right)^2 + \left(\frac{dy}{d\theta}\right)^2} = \sqrt{(r'\cos\theta - r\sin\theta)^2 + (r'\sin\theta + r\cos\theta)^2}$$
$$= \sqrt{r^2 + (r')^2}$$

예 제

곡선 $r = 1 - \cos\theta$의 길이

풀이 $\displaystyle\int_0^{2\pi} \sqrt{(1-\cos\theta)^2 + \sin^2\theta}\ d\theta = 8$

극방정식과 넓이

반지름 a 인 원의 넓이를 구하는 고급스러운 방법은 **부채꼴 형태**의 넓이 소 *elements of Area* 를 생각하는 것이다.

넓이 소 단위원의 넓이 소는 정확히 **부채꼴**이므로

(넓이 소) $dA = \pi a^2 (\frac{d\varphi}{2\pi}) = \frac{a^2}{2} d\varphi.$

따라서 (원의 넓이)=

$$\int dA = \int_0^{2\pi} \frac{a^2}{2}\, d\varphi = \frac{a^2}{2} \int_0^{2\pi} d\varphi\ (= \pi a^2)$$

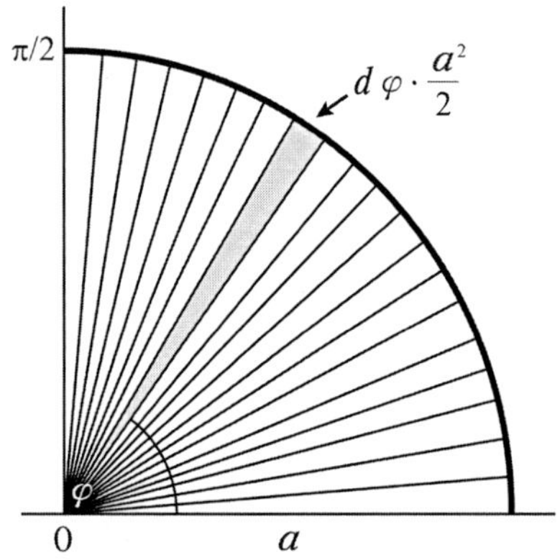

일반적으로 곡선이 극방정식 $r = f(\theta)$ (단, $\theta_0 \le \theta \le \theta_1$)로 둘러싸인 영역의 넓이는 원점을 중심으로 방사형으로 radially 분할한 **넓이소**를 사용하면 적분이 편리하다. 그 넓이소에 대하여 (바깥) 부채꼴과 (안쪽) 부채꼴의 근사를 생각하면

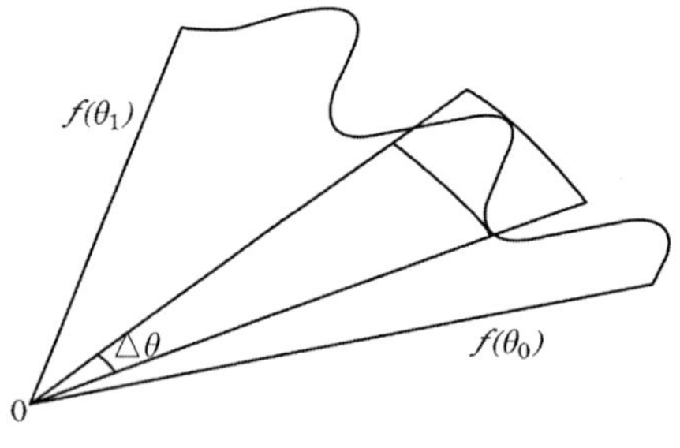

$$\pi\,(min\ \ r(\theta))^2 \frac{\Delta\theta_i}{2\pi} \le A_i \le \pi(max\ \ r(\theta))^2 \frac{\Delta\theta_i}{2\pi}$$

이고, $r = f(\theta)$의 연속성을 생각하면, **정적분의 정의**에 따라

$$(\text{영역의 넓이}) = \int_{\theta_0}^{\theta_1} \frac{r^2(\theta)}{2}\, d\theta$$

즉, $r=f(\theta)$(단, $\theta_0 \leq \theta \leq \theta_1$)로 둘러싸인 영역의 넓이는 다음과 같다.

정리 (극방정식 넓이)

$$\int_{\theta_0}^{\theta_1} \frac{r^2(\theta)}{2}\, d\theta$$

예제

반지름이 R인 **원** 넓이를 **극방정식 넓이공식**으로 구하라.

풀이 원은 극방정식 $r=R$(상수함수), $\theta \in [0, 2\pi]$. 따라서

$$\int_0^{2\pi} \frac{R^2}{2} d\theta = \frac{R^2}{2} \int_0^{2\pi} d\theta = \pi R^2$$

이 경우, $2\int_{-R}^{R} \sqrt{R^2-x^2}\, dx$를 직접 계산하는 것보다 매우 간편하다. 극형식 공식은 이와 같이 편리한 점이 있으나, 다음과 같이 해당 부분의 편각 범위를 잘 구별하여 구하여야 한다. 계산은 간단한 삼각함수의 적분이므로 연습으로 남기기로 한다. **여기서는 구하는 식만 강조하기로 한다.**

예제

$r=3\sin\theta$ (3엽 장미선)의 한 잎의 넓이를 구하자.

풀이 $\int_0^{\frac{\pi}{3}} \frac{(3\sin\theta)^2}{2} d\theta = \frac{3}{4}\pi$

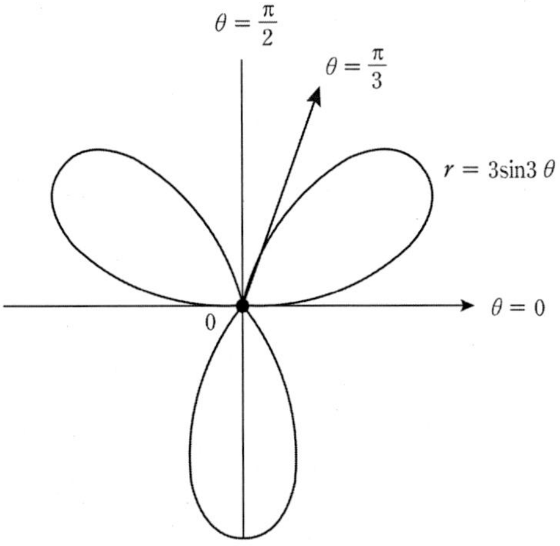

예 제

다음 빗금 친 영역의 면적을 구하는 식을 나타내어 보자.

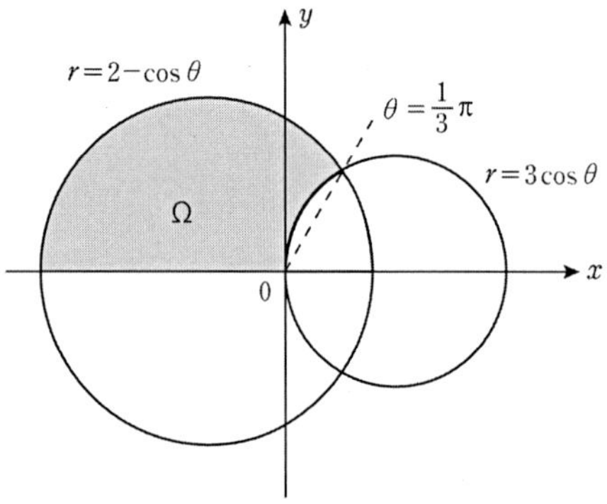

풀이

$$\frac{1}{2}\int_{\frac{\pi}{3}}^{\pi} (2-cos\ \theta)^2\, d\theta - \frac{1}{2}\int_{\frac{\pi}{3}}^{\frac{\pi}{2}} (3cos\ \theta)^2\, d\theta$$ 74)

예 제

곡선 $r = 1 - 2cos\ \theta$의 외부곡선의 안쪽과 내부곡선의 바깥쪽으로 둘러싸인 영역의 넓이를 구하는 식을 나타내어 보자.

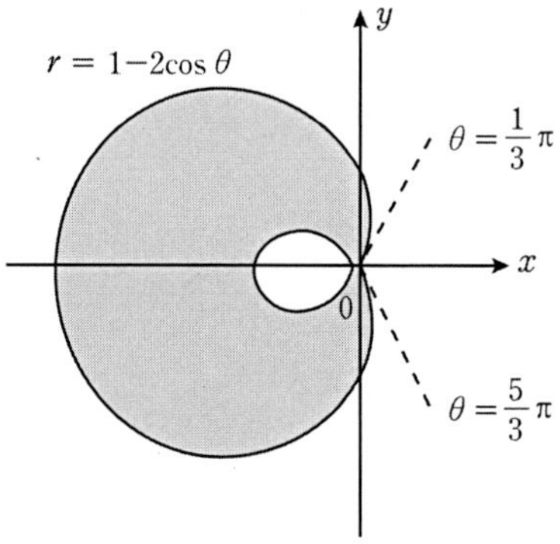

풀이 $$\frac{1}{2}\int_{\frac{\pi}{3}}^{\frac{5\pi}{3}} (1-2cos\ \theta)^2\, d\theta -$$

$$\left\{\frac{1}{2}\int_{0}^{\frac{\pi}{3}}(1-2cos\ \theta)^2\, d\theta + \frac{1}{2}\int_{\frac{5\pi}{3}}^{2\pi} (1-2cos\ \theta)^2 d\theta\right\}$$ 75)

74) 계산한 값은 $\frac{9\pi}{8}+\frac{3\sqrt{3}}{2}$

75) 계산한 값은 $\pi+3\sqrt{3}$

예 제

내부에 루프 a loop를 갖는 곡선 $r=2+4\cos\theta$의 바깥 곡선과 안쪽 곡선으로 둘러싸인 영역의 넓이를 구하는 식을 나타내어 보자.

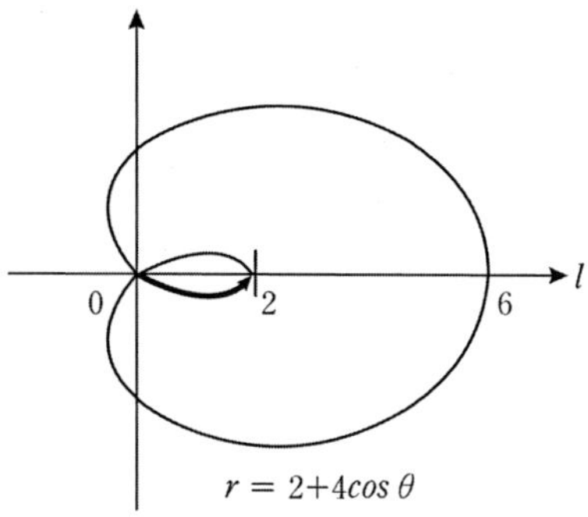

풀이 $2\cdot\left[\int_0^{\frac{4\pi}{3}}\frac{(2+4\cos\theta)^2}{2}\,d\theta-\int_{\frac{4\pi}{3}}^{\pi}\frac{(2+4\cos\theta)^2}{2}\,d\theta\right]$ 76)

연습문제

• 극방정식으로 둘러싸인 넓이

1. 심장형 $r=1-\cos\theta$로 둘러싸인 부분의 면적을 구하라.

해답 $\frac{3}{2}\pi$

2. $r=2\cos\theta$의 내부와 $r=1$의 내부로 둘러싸인 부분의 면적을 구하라.

해답 $\frac{\pi}{3}+\frac{\sqrt{3}}{2}$

76) 계산한 값은 $20\pi-12\sqrt{3}$

3. 리마송 곡선 limaÇon $r=1-2\cos\theta$ 의 바깥쪽과 안쪽 *loop*로 둘러싸인 부분의 면적을 구하기 위한 식만 나타내라.

해답 $\frac{1}{2}\int_{\frac{\pi}{3}}^{\frac{5\pi}{3}}(1-2\cos\theta)^2\,d\theta-[\frac{1}{2}\int_{0}^{\frac{\pi}{3}}(\quad)^2\,d\theta+\frac{1}{2}\int_{\frac{5\pi}{3}}^{2\pi}(\quad)^2\,d\theta]$

4. $r=2-\cos\theta$의 내부와 $r=3\cos\theta$의 외부로 둘러싸인 부분의 면적을 구하기 위한 식을 나타내라.

해답 $\frac{1}{2}\int_{\frac{\pi}{3}}^{\frac{5\pi}{3}}(2-\cos\theta)^2\,d\theta-\frac{1}{2}\int_{\frac{\pi}{3}}^{\frac{5\pi}{3}}(3\cos\theta)^2\,d\theta$ 또는

$$\int_{\frac{\pi}{3}}^{\pi}(2-\cos\theta)^2\,d\theta-\int_{\frac{\pi}{3}}^{\frac{\pi}{2}}(3\cos\theta)^2\,d\theta$$

5. 심장형 곡선 $r=a(1-\cos\theta)$ ($a>0,\ 0\le\theta\le\pi$)를 $x-$축 둘레로 회전하여 생기는 회전체의 표면S의 표면적은 $\frac{32}{5}\pi a^2$임을 구하라.

(힌트) $\begin{cases}x=a(1-\cos\theta)\cos\theta\\ y=a(1-\cos\theta)\sin\theta\end{cases}$

제3부

함수의 전개

Chapter 09 급수

1. 급수

수열 (a_n)에 대하여

$$\begin{aligned} &S_1 = a_1 \\ &S_2 = a_1 + a_2 \\ &S_3 = a_1 + a_2 + a_3 \\ &\quad \cdots \\ &S_n = a_1 + a_2 + \cdots + a_n \\ &\quad \cdots \end{aligned}$$

과 같이 정의된 새로운 수열 (S_n)을 만들 수 있다. 여기서 S_n 을 $n-$항까지의 **부분 합** $(Partial\ Sums)$이라 하며, 이 부분 합을 항으로 갖는 수열 (S_n)을 **(무한)급수**$(Infinite\ Series)$ 또는 간단히 급수라 한다. 즉, 급수는

$$a_1 + a_2 + \cdots + a_n + \cdots \quad \text{또는} \quad \sum_{n=1}^{\infty} a_n$$

로 나타낸다. 간단히 $\sum a_n$로 나타내기도 한다.

정 의

(급수의 합) 부분 합 수열 (S_n)이 극한값 S를 갖는 경우(즉, 실수),

$$\sum_{n=1}^{\infty} a_n = S$$

로 나타내고 급수 $\sum_{n=1}^{\infty} a_n$은 S로 **수렴한다** converge고 하며, S를 **급수의 합** a sum 이라 한다.

그렇지 않은 경우, 즉 부분 합(수열)의 극한이 정의되지 않는 경우 급수는 **발산한다** diverge고 한다.

수렴, 발산이라 부르는 것은 **부분 합이 이루는 수열의 극한**으로 정의하고 있기 때문이다. 급수에 대해서는 수렴·발산 여부를 판단하는 것이 중요하다. 여기서는 몇 가지 기본 판정 방법을 소개하기로 한다.

정리 (수렴 조건)

$\sum_{n=0}^{\infty} a_n$가 수렴하면, 일반항 $a_n \to 0$

증명 부분 합 S_n이 수렴하므로, 그 합을 $\lim_{n\to\infty} S_n = S$로 쓰자. $a_n = S_n - S_{n-1}$로부터

$a_n \to S - S(=0)$

기본 정리 1

급수의 일반항 a_n의 극한이 0 이 아니면, 주어진 급수는 발산한다.

따라서 그 일반항 $a_n \to 0$인 급수에 한해 수렴성에 대한 판단이 필요하게 된다.

교대급수 Alternating series

양항과 음항이 교대되는 특별한 패턴인 교대급수를 생각하기로 한다. 교대급수는 기호로 $\sum(-1)^n a_n$,($a_n \geq 0$)로 나타낼 수 있다. 첫 번째 항이 음인 경우는 $-$기호로 묶으면 양항으로 시작하는 교대급수가 나타나므로 편의상 초항은 양이라 하자. 교대급수 판정법에 대한 증명 과정은 급수의 정의를 잘 보여주는 것이다.

교대급수 판정법

교대급수 $\sum(-1)^n a_n$, $a_n > 0$는 $a_n \geq a_{n+1}$, $a_n \to 0$ 일 때, 수렴한다.

증명 부분 합들의 짝수 번째 (부분)수열

$$S_{2n} = a_0 - a_1 + a_2 - a_3 + a_4 - \cdots - a_{2n-1} + a_{2n}$$

$$= a_0 - (a_1 - a_2) - (a_3 - a_4) - \cdots - (a_{2n-1} - a_{2n})$$
$$= (a_0 - a_1) + (a_2 - a_3) + \cdots + (a_{2n-2} - a_{2n-1}) + a_{2n}$$

와 같이 두 가지 형태로 묶어 보면 가정 $a_n \geq a_{n+1}$ 로부터

$$0 < S_{2n} < a_0 \text{이며, } \{S_{2n}\} \text{은 단조증가 수열}$$

즉, 단조 증가수열로 위로 유계되어 있다. 따라서 **[단조수렴 정리]**에 따라 수렴한다.[77)]
그 극한을 $S_{2n} \to S$라 놓자. 이제 홀수 번째 (부분)수열 $\{S_{2n+1}\}$에 대하여 각 항

$$S_{2n+1} = S_{2n} - a_{2n+1} \quad \to \quad S - 0 (= S)$$

따라서 $\{S_n\}$은 수렴, 즉 교대급수는 수렴한다.

예 제

$\sum \frac{(-1)^n}{n}$은 수렴한다.

풀이 **[교대급수 판정]**에 따라 수렴한다.

기본 정리 2 [78)]

$\sum_{n=0}^{\infty} |a_n|$이 수렴하면, $\sum_{n=0}^{\infty} a_n$도 수렴한다.

일반항에 절댓값을 붙여 양항으로 고친 급수가 수렴하면, 그 합은 주어진 급수의 합보다 커질 것이기 때문에 급수는 수렴할 것이 자명하다. 그러나 수학적 증명은 오히려 기술적이다. 흐름을 끊지 않기 위하여 그 증명은 단원의 마지막에 달기로 한다.

---

77) **[단조수렴 정리]** Monotone Convergence Theorem "단증 증가(감소)하는 수열이 각각 위로(아래로) 유계이면 그 수열은 수렴한다." (논증은 해석학 참조)

78) **[주의]** **[기본 정리 2]**에 따라 **(양항)급수**에 대한 수렴·발산 판정법을 마련하면 충분하다.

정 의

(조건부 수렴, 절대 수렴) $\sum_{n=0}^{\infty} |a_n|$ 수렴하는 경우에는 기본정리에 따라 $\sum_{n=0}^{\infty} a_n$은 수렴하게 되는데, **절대 수렴** absolutely convergent한다고 하고, $\sum_{n=0}^{\infty} |a_n|$ 은 발산하지만, $\sum_{n=0}^{\infty} a_n$은 수렴하는 경우는 **조건부 수렴** conditionally convergent 한다고 한다.

예 제

$\Sigma \frac{(-1)^n}{n}$은 조건부수렴임을 보이자.

풀이 [교대급수 판정]에 따라 수렴. 그러나 $\Sigma \left|\frac{(-1)^n}{n}\right|$은 **조화급수**로 발산([**참고**]해설) 하므로 주어진 급수는 **조건부 수렴**이다.

적분 판정법 Integral Test

함수 $f(x)$가 구간 $[0,\ \infty)$상에서 $f>0$이고, 단조감소이며, $a_n = f(n)$ 일 때 $\sum_{n=0}^{\infty} a_n$ 수렴하기 위한 필요충분조건은 $\int_1^{\infty} f(x)\,dx$가 수렴

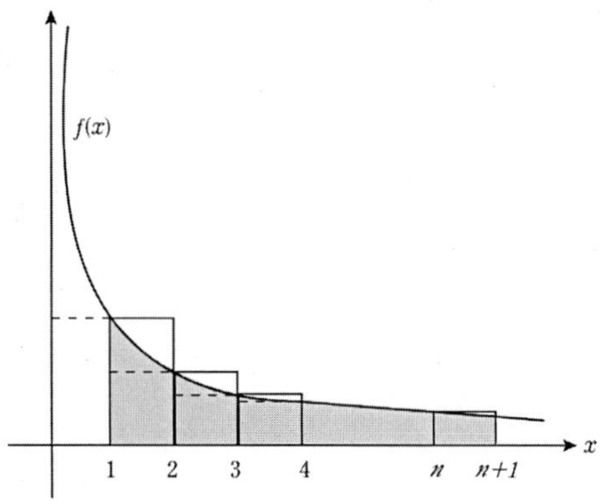

증명 $f(n+1) \le \int_n^{n+1} f(x)\,dx \le f(n)$을 $n=1$부터 일반항까지 합하면

$f(2)+\cdots+f(n+1) \le \int_1^{n+1} f(x)\ dx \le f(1)+\cdots+f(n)$이므로 **[비교 판정법]** 으로부터 결론을 얻는다.

예 제

$\sum_{n=1}^{\infty} \frac{e^{-\sqrt{n}}}{\sqrt{n}}$은 수렴함을 보이자.

풀이 $\int_{1}^{\infty} \frac{e^{-\sqrt{x}}}{\sqrt{x}} dx = \int_{1}^{\infty} 2e^{-t} dt = [-2e^{-t}]_{1}^{\infty} = \frac{2}{e}$

예 제

$\sum_{n=2}^{\infty} \frac{1}{n \log n}$는 발산함을 보이자.

풀이 $\int_{2}^{\infty} \frac{1}{x \log x} dx = [\log(\log x)]_{2}^{\infty} = \infty$

[대표 예제]

$\sum \frac{1}{n^p}$의 $p-$값에 따른 수렴·발산을 판정해 보자. 단, $p > 0$[79]

풀이 $\int_{1}^{\infty} \frac{1}{x^p} dx = \begin{cases} [\log x]_{1}^{\infty} & , p=1 \\ \left[\frac{1}{1-p} x^{1-p}\right]_{1}^{\infty} & , p \neq 1 \end{cases}$

로부터 $1-p<0$, 즉 $p>1$일 때 한하여 수렴

비교 판정법 comparison test

$\sum a_n$, $\sum b_n$에 대하여 $0 \le a_n \le b_n$ 일 때

(1) $\sum b_n$이 수렴할 때 $\sum a_n$도 수렴.

(2) $\sum a_n$이 발산할 때 $\sum b_n$도 발산.

증명 (1) $\sum b_n$이 수렴할 때, $\sum a_n$의 (부분 합)수열은 (위로)유계된[80] **단조증가 수열**이다. 따라서 **[단조수렴 정리]**에 따라 수렴, 즉 $\sum a_n$는 수렴한다.

79) 판정법에서 **비교 기준**이 되는 것이다. p **급수**($P-Series$)라 한다.

80) (합) $\sum b_n$으로 유계 된다 bounded.

예 제

$\sum_{n=1}^{\infty} \frac{3n}{n^2+n}\sqrt{\frac{\log n}{n}}$는 수렴함을 보이자.

풀이 급수의 일반항을 $\frac{1}{n}\frac{3n}{n+1}\sqrt{\frac{\log n}{n}}$로 쓰면 $\frac{3n}{n+1} \le 3$. 한편,

$$\textbf{충분히 큰 } n\textbf{에 대하여 } \log n \le \sqrt{n} \quad \cdots \ (\bigstar)$$

이므로 충분히 큰 n에 대하여

$$\sqrt{\frac{\log n}{n}} \le \sqrt{\frac{\sqrt{n}}{n}} = \frac{1}{\sqrt[4]{n}}$$

따라서 일반항

$$\frac{1}{n}\frac{3n}{n+1}\sqrt{\frac{\log n}{n}} \le \frac{3}{n^{\frac{5}{4}}}$$

(p 급수) $\sum \frac{1}{n^{\frac{5}{4}}}$은 수렴하므로, **[비교판정법]**에 따라 주어진 급수는 수렴한다.

[참고] 조화급수 harmonic series

가장 대표적인 예로 조화급수 $\sum \frac{1}{n}$은 **초보적 방법**으로 발산함을 알 수 있다. 즉, 다음과 같이 묶는 방법(a $grouping$)으로

$$1+\left(\frac{1}{2}+\frac{1}{3}\right)+\left(\frac{1}{4}+\frac{1}{5}+\cdots+\frac{1}{8}\right)+\frac{1}{9}+\cdots+\frac{1}{16}+\cdots$$

$$> 1+\frac{1}{2}+\frac{1}{4}\cdot 2+\frac{1}{8}\cdot 4+\frac{1}{16}\cdot 8+\cdots = 1+\frac{1}{2}+\frac{1}{2}+\cdots$$

그런데 (우변)의 부분 합 $1+\frac{1}{2}(n-1) \to \infty$, 따라서 조화급수는 발산한다.

비교 판정법은 판단 기준이 되는 것과 **적당한 부등식을 세우는** 대수적인 조작이 필요하므로 쉽지 않을 수 있다. 이제 간단한 극한 계산만으로 비교 판정을 대신하는 **[극한비교 판정]**이 있다.[81)]

극한비교 판정 Limit Comparison Test $a_n, b_n > 0$ $\lim_{n\to\infty} \dfrac{b_n}{a_n} = L,\ 0 < L < \infty$ 일 때

$$\sum a_n \text{ 수렴} \Leftrightarrow \sum b_n \text{ 수렴}$$

증명 (수열)극한에 대한 수학적 표현

충분히 큰 n에 대하여 $(0<)\ \dfrac{1}{2}L < \dfrac{b_n}{a_n} < \dfrac{3}{2}L$

따라서 **[비교 판정법]**의 결과이다.

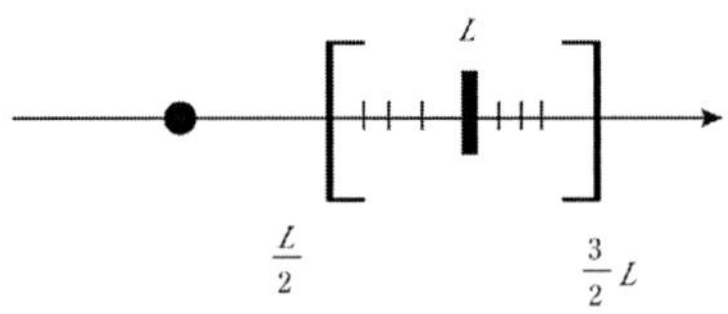

예제

$\sum \dfrac{n^3+3n+4}{n^5+2n^2}$는 수렴함을 보이자.

풀이 분모·분자의 차수로부터 본질적으로 $\sum \dfrac{1}{n^2}$과 비교할 수 있을 것이다. 그런데

$$\frac{\dfrac{n^3+3n+4}{n^5+2n^2}}{\dfrac{1}{n^2}} = \frac{1+\dfrac{3}{n^2}+\dfrac{4}{n^3}}{1+\dfrac{2}{n^3}} \to 1$$ 이며 $\sum \dfrac{1}{n^2}$는 수렴이므로, 주어진 급수는 수렴한다.

예제

$\displaystyle\sum_{n=1}^{\infty} \frac{n}{\sqrt{4n^2+n^2+5n}}$은 발산한다.

풀이 조화급수 $\sum \dfrac{1}{n}$은 발산, $\dfrac{\dfrac{n}{\sqrt{4n^2+n^2+5n}}}{\left(\dfrac{1}{n}\right)} = \dfrac{n^2}{\sqrt{4n^2+n^2+5n}} \to \dfrac{1}{2} (\neq 0)$

[극한비교 판정법]에 따라 주어진 급수는 발산한다.

81) 그 증명 과정을 살펴보면 본질적으로 **[비교 판정법]**이므로 명칭에 포함된 것이다.

비 판정법

다음 비(율)판정법도 자주 이용되는 간편하고 유용한 판정법이다. 그 증명은 **단원의 끝에 달아 두기로 한다.**

> 비 판정법 Ratio Test
>
> 양항급수 $\sum_{n=0}^{\infty} a_n$의 $\frac{a_{n+1}}{a_n} \to r$일 때
>
> $(0 \leq)r < 1$ 인 경우 수렴
>
> $r > 1$ 인 경우 발산
>
> $r = 1$인 경우 [비 판정법]으로는 알 수 없다

두 급수 $\sum \frac{1}{n}$, $\sum \frac{1}{n^2}$는 모두 $r=1$임을 알 수 있다. 그런데 (전자)는 발산, (후자)는 수렴한다. 따라서 이 경우 **[비 판정법]**으로는 판단할 수 없음을 알 수 있다.

예제

$\sum \frac{n!}{1 \cdot 3 \cdot 5 \cdots (2n-1)}$는 수렴함을 보이자

풀이 $\frac{(n+1)! / 1 \cdot 3 \cdot \cdots (2n-1)(2n+1)}{n! / 1 \cdot 3 \cdots (2n-1)} = \frac{n+1}{2n+1} \to \frac{1}{2}$

예제

$\sum \frac{n!}{(n+1)^n}$가 수렴함을 보이자.

풀이 $\frac{(n+1)! / (n+2)^{n+1}}{n! / (n+1)^n} = \left(\frac{n+2}{n+1}\right)^{n+1} = \frac{1}{(1+\frac{1}{n+1})^{n+1}} \to \frac{1}{e}(< 1)$

단원을 마무리하기 위하여 비 판정법 증명하기로 한다. 앞에서와 마찬가지로 **[수열 극한의 정의]**에 대한 **수학적 표현**을 이용한다.

[비 판정법]의 증명 $(0 \leq) r < 1$**인 경우**

(수열)극한의 수학적 표현은 그림을 보면 충분히 큰 $n \geqq N$**에 대하여, 적당한 상수** $(r < C < 1)$**가 존재하여** $\frac{a_{n+1}}{a_n} < C$

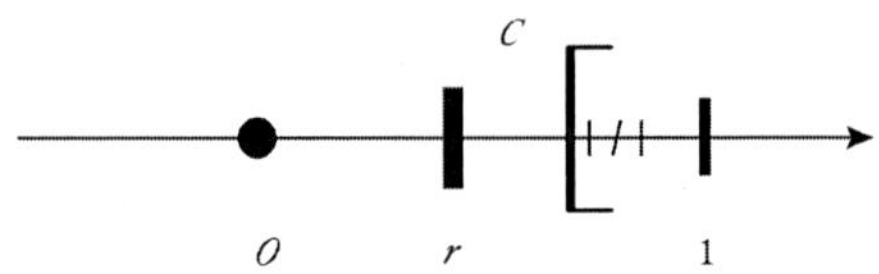

로 쓸 수 있으므로 $N-$항부터는 다음 부등식이 성립한다.

$$a_{N+1} \leq C \cdot a_N$$

$$a_{N+2} \leq C \cdot a_{N+1}\ ,\ \text{즉}\ \ a_{N+2} \leq C^2 \cdot a_N$$

반복하면

$$(0 <) a_{N+k} \leq \cdots \leq C^k \cdot a_N$$

각각 합하면

$$\sum_{n=1}^{k} a_{N+k} \leq a_N \sum_{n=1}^{k} C^n$$

$k \to \infty$ 일 때 (우변)은 수렴하므로($0 < C < 1$인 등비급수), **[비교 판정법]**에 따라 $\sum a_n$은 수렴한다.

$r > 1$ **인 경우**

마찬가지로 **수열 극한의 수학적 표현**을 앞과 같은 방법으로 생각하면

$$a_{N+1} > C\, a_N,\quad a_{N+2} > C\, a_{N+1},\ \cdots$$

이므로 일반항 $a_n \to \infty$. 따라서 주어진 급수는 발산.

단원을 마무리하기 위하여두 번째로 **[기본 정리 2]**를 증명하자. 우선 다음과 같은 편리한 기호를 도입하여 논증하는 기교적인 것이다.

[고안 기호]

급수 $\sum a_n$에 대하여

$$a_n^+ = \begin{cases} a_n, & a_n \geq 0 \\ 0, & a_n < 0 \end{cases}, \text{ 그리고 } a_n^- = \begin{cases} 0, & a_n > 0 \\ -a_n, & a_n \leq 0 \end{cases}$$

를 이용하여 나타내면, **다음은 자명하다.**

(1) $\sum a_n^+$, $\sum a_n^-$은 각각 양항급수.

(2) $a_n = a_n^+ - a_n^-$

(3) $0 \leq a_n^+ \leq |a_n|$, 그리고 $0 \leq a_n^- \leq |a_n|$

[기본정리 2]의 증명

$$0 \leq a_n^+ \leq |a_n|, \quad 0 \leq a_n^- \leq |a_n|$$

이므로 **[비교판정법]**에 따라

$$\Sigma a_n^+, \ \Sigma a_n^-$$

는 수렴한다. 그런데

$$\Sigma a_n = \Sigma a_n^+ - \Sigma a_n^-$$

이므로, 주어진 급수 $\sum a_n$는 수렴한다.

[참고] 판정법 Algorithm

일반 급수에 대해서도 수렴·발산 판정을 다음과 같은 절차로 하면 된다.

단계 1. 각 항에 절댓값을 취한 급수 $\sum |a_n|$ 는 양항 급수

단계 2. 적절한 판정법을 사용하여 수렴·발산 판정

단계 3. 판정 결과가

(1) **수렴인 경우,** $\sum a_n$은 수렴.

(2) **발산의 경우,** 앞 [판정법]으로는 $\sum a_n$의 수렴·발산 알 수 없다.

연습문제

1. **비교 판정**을 사용하여 수렴·발산을 판정하여라.

(1) $\sum_{n=1}^{\infty} \frac{1}{2^n+1}$ 해답 수렴

(2) $\sum_{n=1}^{\infty} \frac{5}{2n^2+4n+3}$ 해답 수렴

2. **극한비교 판정**을 사용하여 수렴·발산을 판정하여라.

(1) $\sum_{n=1}^{\infty} \frac{3n^3-n^2+4}{2n^5-n^3+2}$ 해답 수렴

(2) $\sum sin^3 \frac{1}{n}$ 해답 수렴

(3) $\sum \frac{1}{\sqrt{n(n+1)}}$ 해답 발산

(힌트) n을 이용 극한 비교 판정

3. **비 판정**을 사용하여 수렴·발산을 판정하여라.

(1) $\sum_{n=1}^{\infty} \frac{n^3}{3^n}$ 해답 수렴

(2) $\sum_{n=1}^{\infty} \frac{n^n}{n!}$ 해답 발산

4. 급수 $\sum \frac{1}{n^n}$은 수렴한다. 이것을 각각 다음 판정법으로 판정하여라.

(1) 비교 판정법

(힌트) $n \geq 2$일 때, $n^n \geq 2^n$

(2) 비 판정법

5. 급수 $\sum_{n=1}^{\infty} \left(\frac{n+1}{n}\right)^n$은 발산함을 보여라.

6. $\epsilon > 0$ 이면 다음 급수는 수렴함을 보여라.

(1) $\sum_{n=1}^{\infty} \frac{1}{n^{1+\epsilon}}$

(2) $\sum_{n=2}^{\infty} \frac{1}{n(log\ n)^{1+\epsilon}}$

(3) $\sum_{n=2}^{\infty} \frac{1}{(log\ n)^{\epsilon}}$

(4) $\sum_{n=1}^{\infty} \frac{log\ n}{n^{1+\epsilon}}$

7. $\sum_{n=1}^{\infty} \frac{(log\ n)^2}{n^{\frac{3}{2}}}$ 는 수렴함을 보여라.

8. $\sum_{n=2}^{\infty} \frac{1}{n^p\ ln\ n}$ 이 수렴하기 위한 p 의 조건을 구하라.

풀이 $\int_3^{\infty} \frac{1}{x^p ln\ x} \le \int_3^{\infty} \frac{1}{x^p}$ 로부터 $p > 1$

9. 다음급수가 수렴하는 α 의 범위를 구하라

$$\sum_{n=2}^{\infty} \frac{1}{n\ log\ n(log\ log\ n)^{\alpha}}$$

해답 (일반항) $\ge \frac{1}{n^{\frac{\alpha+3}{4}}}$ 로부터 $\alpha > 1$

• 교대급수

10. 다음 급수의 수렴성을 조사하여라.

$$1 - \frac{1}{2!} + \frac{1}{3!} - \frac{1}{4!} + \cdots$$

11. 절대 수렴하는지 조건부 수렴하는지를 밝혀라.

(1) $\sum_{n=1}^{\infty}(-1)^n \frac{1}{5n-3}$

해답 (1) 조건부 수렴

(2) $\sum_{n=2}^{\infty}(-1)^n \frac{1}{3n^2-4}$

해답 (2) 절대 수렴

12. 본문 (비 판정법)의 증명 과정에서 $\frac{a_{n+1}}{a_n} \to r$, $(0 \leq) r < 1$이면

> 충분히 큰 $n \geqq N$에 대하여, 적당한 상수 $(r < C < 1)$가 존재하여
> $$\frac{a_{n+1}}{a_n} < C$$

로 바꾸어 쓸 수 있음을 설명하라. **(힌트)** (수열)극한의 수학적 표현

참고 **수렴성 정의 배경**

> *What is wrong ?*
> $$1-1+1-1+1\cdots$$
> $(1-1)+(1-1)+(1-)+\cdots \to 0$
>
> $1(-1+1)(-1+1)-\cdots \to 1$

무한급수의 합에 대하여 올바르게 정의하는 것이 쉬운 일이 아니었음을 우리는 수학사를 통하여 알 수 있다. 대표적인 예로

$$1-1+1-1+1\cdots$$

을 생각해 보자. 주어진 급수를

$$(1-1)+(1-1)+(1-)+\cdots$$

로 묶어보면, 그 합은 0으로 보일 것이다. 이번에는 주어진 급수를

$$1(-1+1)(-1+1)-\cdots$$

과 같이 묶어보면 그 합은 1 로 보일 것이다. 또 주어진 급수를

$$(1-1)+(1-1)+(1-)+\cdots$$

로 묶은 것은 짝수 번 째 부분 합 S_{2n}인 경우이므로, (짝수 번 째 부분 합이 이루는) 부분수열 $S_{2n} \to 0$을 의미한다. 마찬가지로 주어진 급수를

$$1(-1+1)(-1+1)-\cdots$$

과 같이 묶은 것은 홀수 번 째 부분 합 S_{2n+1}인 경우에 가능하므로 (홀수 번 째 부분 합이 이루는) 부분수열 $S_{2n+1} \to 1$을 의미한다.

전자의 조작은 급수의 합을 짝수 번 째 부분합의 수열의 극한

$$S=\lim_{n\to\infty} S_{2n}$$

으로 본 것이고, 후자의 조작은 급수의 합을 홀수 번째 부분합의 수열의 극한

$$S=\lim_{n\to\infty} S_{2n+1}$$

으로 본 것이다. 실제로 부분합의 수열 $\{S_n\}$이 발산이다(이 경우는 진동).

이번에는 주어진 급수를 문자 S로 나타내고 다음과 같이 조작하여 보자.

$$S=1-1+1-1+1\cdots$$

로 나타내면

$$-S= \quad -1+1-1+1-1\cdots$$

이 때 앞의 표현에 줄을 맞추어 한 칸을 밀어 쓴 것이다. 양변을 각각 빼주면

$$S-(-S)=1$$ [82)]

즉,

$$S=\frac{1}{2}$$

이는 형태만을 다룬 것으로, 오류가 되는 것이다. 이는 $S=1-1+1-1+1\cdots$ 와 같이 그 합을 기호 S로 쓰고, 실수처럼 연산을 한 것은 오류이다.

앞의 예를 생각하면 무한 합의 정의를 다음과 같이 해야 타당함을 알 수 있다.

---

82) Line-Up & Cancel **[줄 맞추어 소거]** 이라 하는 데, 중학교 수학에서 순환소수를 분수로 고치는 과정에 나타난다.

정 의

(급수의 수렴·발산) 급수 $\sum a_n$에 대하여 그 부분 합 $S_n = \sum^n a_k$들이 이루는 수열 $\{S_n\}$이 $S = \lim_{n\to\infty} S_n$로 극한 S가 존재할 때, 주어진 급수는 **수렴**한다 converge고 한다. 그렇지 않은 경우 급수는 **발산**한다 diverge고 한다.

2. 멱급수 power series

$$R = \frac{1}{\lim_{n\to\infty} \left|\frac{a_{n+1}}{a_n}\right|}$$

실 계수 $a_0, a_1, a_2, \cdots, a_n, \cdots$와 (독립)변수 x를 포함하는

$$a_0 + a_1 x + a_2 x^2 + \cdots + a_n x^n + \cdots$$

형태의 급수를 **멱급수**라 한다.[83] 일반적으로 $x = c$를 중심으로 하는 멱급수는

$$a_0 + a_1(x-c) + a_2(x-c)^2 + \cdots + a_n(x-c)^n + \cdots$$

의 형태이다.

수렴 반경 Radius of convergence

우선 멱급수는 중심점에서는 단순히 a_0가 되어 수렴함을 알 수 있다. 두 번째로 멱급수는 그 중심점을 중심으로 일정 반경 안에서 (절대)수렴한다. 왜냐하면 멱급수의 일반항에 절댓값을 적용한 (양항)급수

$$\sum |a_n x^n|$$

에 대하여 앞에서 배운 **[비 판정법]**을 적용하여 보자.

83) "x의 n 승" x^n을 영어로 "x (to the power) n"로 읽는다. 따라서 n을 *power*(**멱**)이라 한다.

$$\frac{|a_{n+1}\, x^{\,n+1}|}{|a_n\ x^n\ |} = |\frac{a_{n+1}}{a_n}| \bullet |x| \rightarrow r\,|x|$$

일 때, 앞 절 **[참고] 판정법 algorithm**에 따라 $r\,|x| < 1$ 일 때, 절댓값 멱급수는 수렴, 따라서 멱급수는 (절대)수렴, $r\,|x| > 1$일 때, 절댓값 멱급수는 발산(주어진 멱급수도 발산한다.)[84], $r\,|x| = 1$일 때, [비판정법]으로는 알 수 없으므로, $x = \pm\frac{1}{r}$을 **대입해 판단한다.**

즉, $0 < r < \infty$인 경우 멱급수는 $|x| = \frac{1}{r}$을 경계 값으로 하는 구간 내부에서는 수렴, 외부에서는 발산하게 된다. 따라서 $0 < r < \infty$인 경우

$$R = \frac{1}{r} = \frac{1}{\lim\ |\frac{a_{n+1}}{a_n}|}$$

을 멱급수의 **수렴반경**(a radius of convergence)이라 한다.

수렴반경

$\sum a_n (x-c)^n$에 대하여

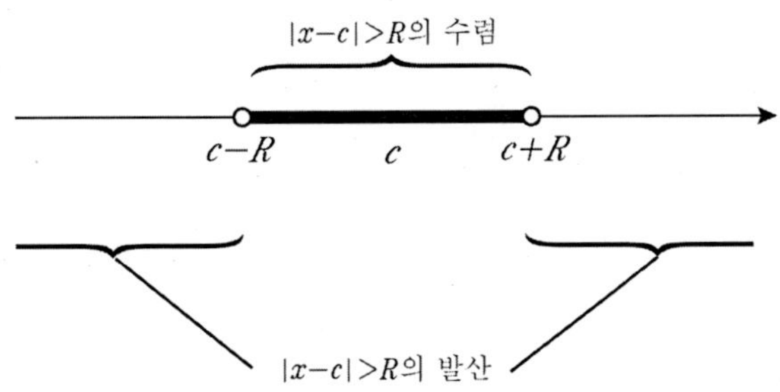

$$R = \frac{1}{\lim\ |\frac{a_{n+1}}{a_n}|}$$

그런데, $\lim\left|\frac{a_{n+1}}{a_n}\right| = 0,\ \infty$인 경우도 다음과 같이 이해하기로 한다.

---

84) 실제로, 이 경우 일반항 극한이 0이 아니기 때문이다. **연습으로 남긴다.** [비 판정] 증명 과정 모방.

[참고] 수렴반경 공식 해설

$r=0$ **인 경우**

$0 \cdot |x| < 1$이 되기 위한 x는 모든 실수가 가능, 즉 멱급수는 모든 실수 x에서 수렴하므로 수렴반경 $R=\infty$. 따라서 이 경우 표현

$$R=\frac{1}{r}=\frac{1}{\lim\left|\frac{a_{n+1}}{a_n}\right|}$$

에 포함된 것으로 본다. 마찬가지로

$r=\infty$ **인 경우**

$\infty \cdot |x| < 1$이 되기 위한 x는 오직 $x=0$만 가능, 즉 멱급수는 중심점 $x=0$에서만 수렴하므로, 수렴반경 $R=0$. 따라서 이 경우도 앞 표현에 포함된 것으로 보기로 한다.

예제

계수가 $a_n=\frac{(-1)^n}{n}$로 주어진 멱급수 $\sum\frac{(-1)^n}{n}x^n$의 수렴반경을 구하자.

풀이 $\lim\left|\frac{a_{n+1}}{a_n}\right|=\lim\left|\frac{(-1)^{n+1}/(n+1)}{(-1)^n/n}\right|=\lim\frac{n}{n+1}(=1)$

$$R=\frac{1}{\lim\left|\frac{a_{n+1}}{a_n}\right|}(=1)$$

정의

멱급수가 수렴하는 (변수의) 집합은 구간의 형태로 나타나므로 **수렴구간** interval of convergence이라 한다.

앞의 예제의 멱급수는 구간 $(-1,1)$에서는 (절대)수렴하고, $(-\infty,-1)\cup(1,\infty)$에서는 발산한다. 이제, 구간 $(-1,1)$의 경계에서 수렴·발산을 살펴보자.

예제

멱급수 $\sum\frac{(-1)^n}{n}x^n$의 수렴구간은 $(-1,1]$임을 보이자.

풀이 앞 [예제]에서 수렴반경 $R=1$. 그런데 $x=1$에서는 $\sum\frac{(-1)^n}{n}$. [교대급수 판정]에 따라 수렴. 마찬가지로, $x=-1$에서는 $\sum\frac{(-1)^n}{n}(-1)^n=\sum\frac{1}{n}$. 즉, 조화급수로 발산. 따라서 주어진 급수는 구간 $(-1, 1]$ 에서 수렴한다.

예제

$\sum\frac{n!}{n^n}x^n$의 수렴반경

풀이 $\frac{(n+1)!\,/\,(n+1)^{n+1}}{n!\,/\,n^n}=(\frac{n}{n+1})^n=\left(\frac{1}{(1+\frac{1}{n})}\right)^n\to\frac{1}{e}$ 따라서 수렴반경은 e

---

예제

$\sum n!\,x^n$의 수렴반경

풀이 $\frac{(n+1)!}{n\,!}=(n+1)\to\infty$ 따라서 수렴반경은 0

예제

$\sum\frac{1}{n!}x^n$의 수렴반경

풀이 $\frac{1/(n+1)!}{1/n!}=\frac{1}{n+1}\to 0$ 따라서 수렴반경은 ∞

급수	수렴반경	수렴구간
$\sum_{n=0}^{\infty}x^n$	$R=1$	$(-1, 1)$
$\sum_{n=0}^{\infty}n!\,x^n$	$R=0$	$\{0\}$

급수	수렴반경	수렴구간
$\sum_{n=0}^{\infty} \frac{(x-3)^n}{n}$	$R=1$	$[2,\ 4)$
$\sum_{n=0}^{\infty} \frac{(-1)^n x^{2n}}{2^{2n}(n!)^2}$	$R=\infty$	$(-\infty,\ \infty)$

멱급수(함수)의 미·적분

다음 정리는 멱급수로 주어진 함수의 미분가능성, 그리고 그 계산은 **항별** term by term 미분하게 된다. 유한개 함수의 합의 미분은 각각의 미분의 합이다. 따라서 그 계산법은 자연스럽게 무한합일 때도 같을 것이다. 단지 우리는 극한 개념으로 정리의 타당함을 보이는 일이 남는다. 단원의 흐름을 놓치지 않기 위하여 그 [증명의 개요] 만을 **단원의 끝에서 보이기로 한다.**

정리 (항별 미분)

$\sum_{n=0}^{\infty} a_n x^n$**은 그 수렴 반경 내에서 미분 가능하고,** $\left(\sum_{n=0}^{\infty} a_n x^n\right)' = \sum_{n=1}^{\infty} n\, a_n x^{n-1}$

정리를 반복하면, 다음 **멱급수의 성질**을 얻는다.

따름 정리

멱급수는 **무한 번 미분가능**. infinitely differentiable

따라서 멱급수로 주어진 함수는 **적분가능성**이고,

$$\int_0^x \sum a_n t^n\ dt = \sum \left(\int_0^x a_n t^n\ dt \right)$$

의 형태로 **항별 적분**하게 된다.

정리 (항별 적분)

멱급수는 그 수렴반경 내에서 **적분 가능** integrable 함수 이고,

$$\int_0^x \sum a_n t^n \, dt = \sum \frac{a_n}{n+1} x^{n+1}$$

연습문제

• 수렴 반경, 수렴구간

1. 다음 멱급수의 수렴반경을 구하라.

(1) $\sum_{n=1}^{\infty} (1+\frac{1}{n})^{n^2} x^n$ 　　해답 $R=\frac{1}{e}$

(2) $\sum_{n=2}^{\infty} \frac{1}{(\log n)^n}(x-1)^n$ 　　해답 $R=\infty$

2. 다음 멱급수의 수렴구간을 구하라.

(1) $\sum_{n=0}^{\infty} \frac{x^n}{n+1}$ 　　해답 $[-1,1)$

(2) $\sum_{n=1}^{\infty} \frac{x^n}{(n+1)^2}$ 　　해답 $(-1,1)$

(3) $\sum_{n=0}^{\infty} (-1)^n x^{2n}$ 　　해답 $(-1,1)$

(4) $\sum_{n=0}^{\infty} \frac{(-3)^n x^n}{\sqrt{n+1}}$ 　　해답 $\left(-\frac{1}{3}, \frac{1}{3}\right]$

(5) $\sum_{n=0}^{\infty} \frac{n^2}{10^n} x^n$ 　　해답 $(-10,10)$

(6) $\sum_{n=1}^{\infty} n5^n x^n$ 　　해답 $\left(-\frac{1}{5}, \frac{1}{5}\right)$

(7) $\sum_{n=2}^{\infty} \frac{x^n}{(\ln n)^n}$ 　　해답 $(-\infty, \infty)$

(8) $\sum_{n=1}^{\infty} \frac{2 \cdot 4 \cdot 6 \cdots (2n)}{1 \cdot 3 \cdot 5 \cdots (2n-1)} x^n$ 해답 $(-1, 1)$

3. $\sum \frac{(ax+b)^n}{c^n}$의 수렴구간이 $\left(\frac{-b-c}{a}, \frac{-b+c}{a}\right)$임을 보여라.

4. 다음 멱급수의 수렴구간을 구하라.

(1) $\sum_{n=0}^{\infty} (x-1)^n$ 해답 $|x-1| < 1$

(2) $\sum_{n=1}^{\infty} \frac{(x+1)^n}{n(n+1)}$ 해답 $[-2, 0)$

(3) $\sum_{n=0}^{\infty} \sqrt{n}(3x+2)^n$ 해답 $\left(-\frac{5}{3}, \frac{1}{3}\right)$

(4) $\sum_{n=1}^{\infty} \frac{(x-4)^n}{n5^n}$ 해답 $[-1, 9)$

5. 멱급수 $\sum a_n x^n$ 의 수렴반경이 R 일 때, 멱급수 $\sum a_n x^{2n}$의 수렴반경을 구하라.

해답 $\sqrt{R}$

6. 멱급수 $\sum_{n=1}^{\infty} a_n (x-a)^n$의 수렴반경이 R일 때, $\sum_{n=1}^{\infty} r^n a_n (x-a)^n$ (단, $r > 0$)의 수렴반경을 구하라.

해답 $\frac{R}{r}$

7. 급수 $\sum_{n=1}^{\infty} a_n (x-a)^n$의 수렴반경을 R이라 할 때 다음 급수의 수렴반경을 구하라.

(1) $\sum_{n=1}^{\infty} 4^n a_n (x-a)^n$ 해답 $\frac{R}{4}$

(2) $\sum_{n=1}^{\infty} r^n a_n (x-a)^n$ 단, $r \neq 0$ 해답 R

(3) $\sum_{n=1}^{\infty} p(n)\, a_n (x-a)^n$, 단 $p(x)$는 다항식

해답 R

8. 멱급수가 수렴 반경 밖의 x에서는 실제로 발산함을 보여라.

(힌트) [비 판정] 증명 과정 모방, 일반항의 극한

참고 멱급수 미분의 증명 개요

단원을 마무리하기 위하여 멱급수 미분 정리의 증명 개요를 보이기로 한다.

[항별 미분] 증명 개요 미분계수의 정의에 따라 함수 $f(x)=\sum_{n=0}^{\infty} a_n x^n$에 대하여

> $h\to 0$ 일 때
>
> $$\frac{f(x+h)-f(x)}{h}=\frac{1}{h}\sum_{n=0}^{\infty} a_n((x+h)^n-x^n) \qquad \cdots ①$$
>
> 의 극한이 $\sum_{n=1}^{\infty} n a_n x^{n-1}$임을 보이면 된다.

①의 (우변)은 x와 $x+h$ 사이 구간 상의 함수 $g(x)=x^n$ 에 대한 **[평균값 정리]**를 쓰면, 어떤 c_1이 존재하여

$$\frac{1}{h}\sum_{n=1}^{\infty} a_n h \cdot (n c_1^{n-1})$$

이것과 $\sum_{n=1}^{\infty} n a_n x^{n-1}$의 (차)에 대하여 x와 c_1사이 구간 위에서 함수 $h(x)=x^{n-1}$에 대한 **[평균값 정리]**를 **다시 한 번** 사용하면 어떤 c_2가 존재하여

$$\sum_{n=1}^{\infty} n a_n \left[(n-1) c_2^{n-2}(c_1- x)\right] \qquad \cdots ②$$

로 쓸 수 있다. 그런데 $|c_2|< r$, $|c_1-x| \le |h|$이므로

$$|②| \le |h| \cdot \left\{\sum_{n=2}^{\infty} n(n-1)|a_n| r^{n-2}\right\}$$

그런데 { } 안은 수렴하게 되어[85] 고정된(fixed) 실수 값을 나타내므로, $h\to 0$ 일 때

$$|②| \to 0$$

85) 수렴하는 멱급수의 **[항별 미분]**을 2회 적용한 것이므로 수렴한다.

참고 **미분방정식의 멱급수 해법** 86)

미분방정식의 해를 $y=\sum_{n=0}^{\infty} a_n x^n$ 형태라고 가정하면, **(항별)미분**에 따라

$$y' = \sum_{n=1}^{\infty} n a_n x^{n-1}, \quad y'' = \sum_{n=2}^{\infty} n(n-1) a_n x^{n-2}$$

등을 주어진 미분방정식에 대입하여 미정계수 a_n의 패턴을 찾을 수 있다. 이것을 미분방정식의 **멱급수 해법** a power series solution 이라 한다. **(변수)계수** 미분방정식 풀이에 유용하다. 여기서는 방법을 소개하기 위하여 간단한 예를 들기로 한다.

예제

$y' - 2xy = 0$의 **멱급수 해**를 구하자.

풀이 $y=\sum_{n=0}^{\infty} c_n x^n$로 쓰면, $y' = \sum_{n=1}^{\infty} n c_n x^{n-1}$이므로 대입하면

$$\sum_{n=1}^{\infty} n c_n x^{n-1} - 2x\left(\sum_{n=0}^{\infty} c_n x^n\right) = 0$$

$$c_1 + \sum_{n=2}^{\infty} n c_n x^{n-1} - 2\sum_{n=0}^{\infty} c_n x^{n+1} = 0$$

이제 x의 지수를 맞추기 위하여, **첫 번째 급수에서** $n \mapsto n+1$, **두 번째 급수에서** $n \mapsto n-1$**로 바꾸어 정리**하면

$$c_1 + \sum_{n=1}^{\infty} (n+1) c_{n+1} x^n - 2\sum_{n=1}^{\infty} c_{n-1} x^n = 0$$

즉,

$$c_1 + \sum_{n=1}^{\infty} \left[(n+1) c_{n+1} - 2c_{n-1} \right] x^n = 0$$

따라서 계수의 **반복관계식** a recursion을 얻는다.87)

$$c_1 = 0, \quad (n+1)c_{n+1} - 2c_{n-1} = 0 \ \ (n = 1, 2, \cdots)$$

---

86) **[참고 문헌]**미분방정식 참조.

87) **[멱급수의 유일성]**으로부터 모든 계수는 0. ([참고] 해설)

즉,

$$c_1 = 0,\ \ c_{n+1} = \frac{2}{n+1} c_{n-1}\ (n = 1, 2, \cdots)$$

따라서

$$c_1 = c_3 = c_5 = \cdots = 0$$

$$c_{2n} = \frac{1}{n!} c_0$$

구하는 멱급수 해는

$$c_0 (1 + \frac{1}{1!} x^2 + \frac{1}{2!} x^4 + \cdots)$$

실제로 $1 + \frac{1}{1!} x^2 + \frac{1}{2!} x^4 + \cdots = 1 + \frac{1}{1!}(x^2) + \frac{1}{2!}(x^2)^2 + \cdots$ 로 쓰면, 우변은 e^x의 멱급수 전개에 $x \mapsto x^2$을 대입한 것으로, 멱급수 해는 함수 $c_0 e^{x^2}$을 나타낸다.[88]

참고 (일계)미분방정식은 앞에서 배운 **분리형**인데 간단히 $\frac{y'}{y} = 2x$로 쓰고 적분하면,

$$ln\,|y| = x^2 + c \quad 즉, \quad |y| = e^{x^2 + C} = e^C\ e^{x^2}$$

그리고 자명해 $y \equiv 0$. 모두 포함하는 표현으로 $y = c_0 e^{x^2}$로 멱급수 풀이와 일치함을 알 수 있다.

3. 테일러 급수 Taylor

$$e \sim P_6(1) = 1 + 1 + \frac{1}{2!} + \frac{1}{3!} + \cdots + \frac{1}{6!} = 2.718\cdots$$

$$tan^{-1}(1) = 1 - \frac{1}{3} + \frac{1}{5} - \frac{1}{7} + \frac{1}{9} - \cdots$$

이제까지 배운 미·적분학을 생각하면 평균값 정리의 역할이 상당히 두드러졌던 것을 알

---

88) **[함수의 전개]** 단원 참고 .

수 있었다. 이 단원에서는 테일러 정리를 [평균값 정리]를 **귀납적으로** 확장한 것으로 소개하고, 그 응용을 살펴 볼 것이다.

지금부터는 충분히 여러 번 미분 가능한 함수를 다루는데, 편의상 **무한 번 미분 가능**한 infinitely differentiable 함수 $f(x)$를 가정하기로 하자. 미·적분학의 가장 중요한 정리라 할 수 있는 **테일러 정리** Taylor 는 다음과 같다.

열린구간 I위에 **무한 번 미분 가능한** 함수 $f(x)$는 구간 내의 한 점 a에 대하여 a과 x 사이에 다음 등식을 만족하는 c가 존재한다.

테일러 정리

$$f(x)=f(a)+f'(a)(x-a)+\frac{f^{(2)}(a)}{2!}(x-a)^2+\cdots+\frac{f^{(n)}(a)}{n!}(x-a)^n$$
$$+\frac{f^{(n+1)}(c)}{(n+1)!}(x-a)^{n+1}$$

증명에 앞서 이 정리의 의미를 이해하기로 하자.

$$P_n(x)=f(a)+f'(a)(x-a)+\frac{f^2(a)}{2!}(x-a)^2+\cdots+\frac{f^{(n)}(a)}{n!}(x-a)^n$$

로 쓰는 데, 이것을 f의 n차 **테일러 다항식** Taylor polynomial 이라 한다. 한편,

$$R_n(x)=\frac{f^{(n+1)}(c)}{(n+1)\,!}(x-a)^{n+1}$$

로 쓰는데, 이 함수를 f의 테일러 전개식의 **나머지(함수)** Remainder라 한다.

테일러 정리는 한없이 미분 가능한 함수를 다항식과 나머지 함수로 재구성한다는 점에 착안하기로 하자. 함수를 이와 같이 쓴다는 점에서 테일러 정리에 주어진 표현을 함수 $f(x)$의 **테일러 전개식** Taylor expansion이라 한다.

나머지함수의 표현을 보면 c가 있는데, 이것은 x와 f에 따라 정해지는 것이므로 c자체가 x의 함수, 따라서 나머지 함수는 x의 함수이므로 $R_n(x)$로 나타내는 것이다.

테일러 정리의 내용은 $f(x)=P_n(x)+R_n(x)$이므로, 무한 번 미분가능 함수 $f(x)$는 이 함수의 n차 테일러 다항식 $P_n(x)$과 매우 비슷하며, 이 때 생긴 **오차** error는 나머지 함수 $R_n(x)$이다.

(1) x**가** a**에서 가까울수록** 또는

(2) n**이 커질수록**

함수 $R_n(x)$가 더욱 작아지므로, 다항식 $P_n(x)$는 점점 $f(x)$에 가까워지게 된다.

지수함수, 자연로그함수, 삼각함수 등의 초월 함수들의 테일러 전개식을 구하여 보자. 이런 종류의 문제는 이제는 단순 노동에 가까운 수준으로 떨어진 느낌이 있으나, 연습 삼아 해보자.

예제

(자연로그 함수) $1, x$ 사이에 **다음 등식이 성립하는** c가 존재한다.

$$\log x = (x-1) - \frac{(x-1)^2}{2} + \frac{1}{3}(x-1)^3 + \cdots + \frac{(-1)^{n-1}}{n}(x-1)^n + \frac{f^{(n+1)}(c)}{(n+1)!}(x-1)^{n+1}$$

풀이 $$\log x = 0 + (-1)^0(x-1) + \frac{(-1)^1 1!}{2!}(x-1)^2 + \cdots + \frac{(-1)^{n-1}(n-1)!}{n!}(x-1)^n + \frac{f^{(n+1)}(c)}{(n+1)!}(x-1)^{n+1}$$

$$= (x-1) - \frac{(x-1)^2}{2} + \frac{(x-1)^3}{3} - \cdots + (-1)^{n-1}\frac{(x-1)^n}{n} + (-1)^n \frac{1}{(n+1)c^{n+1}}(x-1)^{n+1}$$

■

앞으로 편의상 $x=0$에 대한 테일러 전개를 다루자.

예제

(지수 함수)

$$e^x = 1 + \frac{1}{1!}x + \frac{1}{2!}x^2 + \cdots + \frac{1}{n!}x^n + \frac{e^c}{(n+1)!}x^{n+1}$$

풀이 $f(x) = e^x$ 에 대하여 $f^{(n)}(0) = e^0 = 1$

■

마찬가지로 삼각함수에 대한 테일러 전개식을 얻을 수 있다.

예제

(사인 함수)

$$sin\ x = x - \frac{1}{3!}x^3 + \frac{1}{5!}x^5 - \cdots + (-1)^{n-1}\frac{x^{2n-1}}{(2n-1)!} + \frac{f^{(2n)}(c)}{(2n)!}x^{2n}$$

풀이 $f^{(2k)}(0) = 0, \quad f^{(2k+1)}(0) = (-1)^k$

코사인 전개도 마찬가지로 얻는다.

예제

(코사인 함수)

$$cos\ x = 1 - \frac{1}{2!}x^2 + \frac{1}{4!}x^4 - \cdots + (-1)^n\frac{x^{2n}}{(2n)!} + \frac{f^{(2n+1)}(c)}{(2n+1)!}x^{2n+1}$$

그림은 n이 증가함에 따라 더 넓은 구간에서 주어진 함수 $sin\ x$에 가까워짐을 보여 주고 있다. 마찬가지로, $y = cos\ x$의 *Taylor* 다항식에 의한 근사과정을 나타내고 있다.[89)]

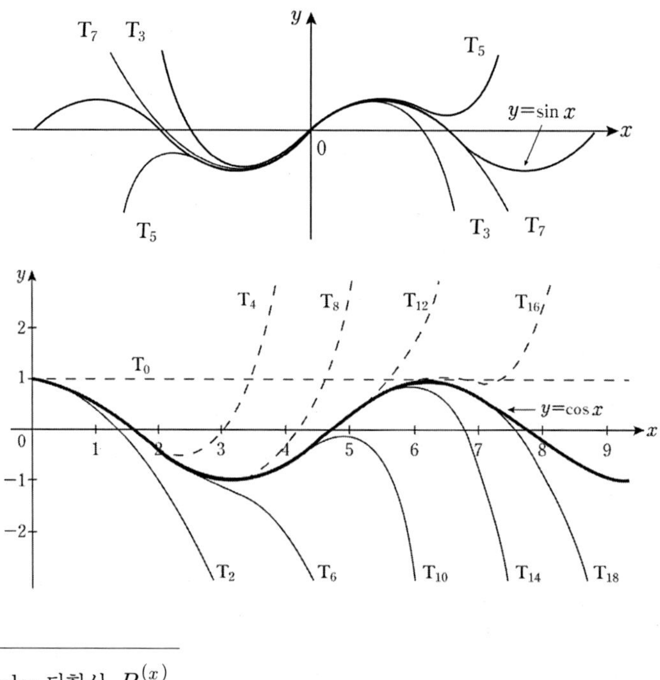

89) T_n은 n차 Taylor 다항식 $P_n^{(x)}$.

함수의 전개와 수렴성

주어진 함수에 대한 테일러 전개를 생각해 보자. $x=0$에서의 테일러 전개식에서 $n\to\infty$ 일 때 나머지 함수

$$|R_n(x)| = |f(x) - P_n(x)| \to 0$$

이 되는 변수 x**의 범위**를 생각하게 된다. 그런 범위에서는 주어진 함수 f가 테일러 급수로 나타나게 된다. 일반적으로 나타내면, 다음 정리와 같다.

기본 정리

f가 무한 번 미분 가능하고 infinitely differentiable, $|x-a|<R$ 에서 **나머지(함수)** $R_n(x) = \dfrac{f^{(n+1)}(c)}{(n+1)!}(x-a)^{n+1} \to 0$이면, f는 **멱급수로 표현가능.**

정 의

(해석적 함수 analytic function)

f가 무한 번 미분가능하여 $|x-a|<R$에서 f의 **멱급수로 표현 가능**하면, 함수 f는 $x=a$에서 **해석적 함수**라 한다.

예 제

$f(x) = sin\ x$는 해석적 함수이다.

풀이 $|f^{(n+1)}(c)| \le 1$ 이므로 $|R_n(x)| \le \dfrac{1}{(n+1)!}|x|^{n+1} \to 0$ [90]

따라서 모든 x에 대하여 $sin\ x = x - \dfrac{1}{3!}x^3 + \dfrac{1}{5!}x^5 - \dfrac{1}{7!}x^7 + \cdots$

---

90) **[참고]** 수열 $\dfrac{a^n}{n!}$ 의 극한은 0이다.

예 제

$f(x) = \cos x$는 해석적 함수이다.

풀이 앞의 예제와 마찬가지로 하면 $\cos x = 1 - \frac{1}{2!}x^2 + \frac{1}{4!}x^4 - \frac{1}{6!}x^6 + \cdots$

그런데 $(\sin x)' = \cos x$이므로, $\sin x$의 (우변)을 **형식적으로** 항별 미분한 형태임을 알 수 있다. 거꾸로 항별 적분을 생각해도 마찬가지임을 알 수 있다. $\cos x$는 우함수로 그 멱급수에 짝수항만 나타나고 있다.[91)]

$\log(1+x)$와 $\tan^{-1} x$, $\sqrt{1+x}$ 등의 함수의 전개는 그 나머지 함수들을 기교적으로 다루어야 하므로, **단원의 끝에 소개하기로 한다.**

정리

$|x| \leq 1$일 때, $\tan^{-1} x = x - \frac{1}{3}x^3 + \frac{1}{5}x^5 + \cdots + (-1)^{n-1}\frac{1}{2n-1}x^{2n-1} + \cdots$

정리

$-1 < x \leq 1$에서 $\log(1+x) = x - \frac{x^2}{2} + \frac{x^3}{3} - \frac{x^4}{4} + \cdots = \sum_{n=1}^{\infty}\frac{(-1)^{n+1}}{n}x^n$

정리 [92)]

$-1 < x < 1$에서 $(1+x)^a = 1 + \frac{a}{1}x + \frac{a(a-1)}{1 \cdot 2}x^2 + \frac{a(a-1)(a-2)}{1 \cdot 2 \cdot 3}x^3 + \cdots$

이를테면, $\sqrt{1+x} = (1+x)^{\frac{1}{2}} = 1 + \frac{1}{2}x - \frac{1}{8}x^2 + \frac{1}{16}x^3 - \frac{5}{128}x^4 + \cdots$.

나머지(함수) remainder

앞에서 남겨 두었던 함수 전개에 대한 정리를 각각 살펴보기로 하자.

91) 연습문제의 **[간편한 함수 전개]**를 참조한다.

92) (뉴턴) **이항 전개** binomial expansion를 참조한다.

$tan^{-1}1=\frac{\pi}{4}$임으로 $tan^{-1}x$의 전개를 이용하면 π의 근삿값을 구하는 방법이 된다.

그런데 $\int \frac{1}{1+t^2}dt = tan^{-1}t + C$임을 생각하면, $\frac{1}{1+t^2}$에 대한 다음 항등식이 필요하다.

도움 항등식 identity

$$\frac{1}{1+t} = 1 - t + t^2 - \cdots + (-1)^{n-1}t^{n-1} + \frac{(-1)^n t^n}{1+t}$$

증명 항등식 $(1-t+t^2-\cdots+(-1)^{n-1}t^{n-1})(1+t) = 1+(-1)^{n-1}t^n$을 $1+t$로 양변을 나누면

$$\frac{1+(-1)^{n-1}t^n}{1+t} = 1 - t + t^2 - \cdots + (-1)^{n-1}t^{n-1}$$

즉, $\frac{1}{1+t} + \frac{(-1)^{n-1}t^n}{1+t} = 1 - t + t^2 - \cdots + (-1)^{n-1}t^{n-1}$

이제 **[도움 항등식]**에 $t \mapsto t^2$을 대입하면

$$\frac{1}{1+t^2} = 1 - t^2 + t^4 + \cdots + (-1)^{n-1}t^{2(n-1)} + (-1)^n \frac{t^{2n}}{1+t^2}$$

양변을 $\int_0^x \bullet \ dt$하면

$$tan^{-1}x - tan^{-1}0 = x - \frac{1}{3}x^3 + \frac{1}{5}x^5 + \cdots + (-1)^{n-1}\frac{1}{2n-1}x^{2n-1} + (-1)^n \int_0^x \frac{t^{2n}}{1+t^2}dt$$

로부터 나머지는 다음과 같다.

$tan^{-1}x$의 나머지(함수)

$$R(x) = (-1)^n \int_0^x \frac{t^{2n}}{1+t^2}dt$$

나머지함수를 살펴보면 다음을 알 수 있다.

$$|R(x)| \le \int_0^{|x|} \left|\frac{t^{2n}}{1+t^2}\right| dt \ \le \int_0^{|x|} t^{2n}\, dt = \frac{1}{2n+1}|x|^{2n+1}$$

$$\le \frac{1}{2n+1} \ \to 0 \ \text{if } |x| \le 1$$

종합하면 다음 정리를 얻는다.

정리

$|x| \le 1$일 때

$$tan^{-1}x = x - \frac{1}{3}x^3 + \frac{1}{5}x^5 + \cdots + (-1)^{n-1}\frac{1}{2n-1}x^{2n-1} + \cdots$$

특히 $x=1$에 대한 앞의 전개식은 유효 valid 하므로 대입하면 다음을 얻는다.[93)]

따름 정리

$$\frac{\pi}{4} = tan^{-1}(1) = 1 - \frac{1}{3} + \frac{1}{5} - \frac{1}{7} + \frac{1}{9} - \cdots$$

로그함수에 대해서도 같은 방법으로 다음을 얻는다.

정리

$-1 < x \le 1$에서 $log(1+x) \ = x - \frac{x^2}{2} + \frac{x^3}{3} - \frac{x^4}{4} + \cdots = \sum_{n=1}^{\infty} \frac{(-1)^{n+1}}{n} x^n$

증명 좌변의 적분은 $\int_0^x \frac{1}{1+t} dt = \ log\,(1+x)$이므로, 앞의 **[항등식]**

$$\frac{1}{1+t} + \frac{(-1)^{n-1}t^n}{1+t} = 1 - t + t^2 - \cdots + (-1)^{n-1}t^{n-1}$$

---

93) (우변) **교대급수**의 필요한 정확도까지 부분 합을 계산하면 "π의 근사" 가 되는 것이다. π의 근사 계산에 대한 방법은 **수학사** math. history 를 통하여 긴 역사를 찾을 수 있는데, 앞의 방법은 함수의 개념과 미·적분 기술이 발달되고 나서야 알려진 것으로 발견 당시로서는 획기적인 것이었다.

에서 그 **나머지함수**는

$$R_n(x) = \int_0^x \frac{(-1)^n t^n}{1+t}\, dt$$

(1) $0 \le x \le 1$ **인 경우**

$$|R_n(x)| = \left| \int_0^x \frac{(-1)^n t^n}{1+t}\, dt \right| \le \int_0^x t^n\, dt = \frac{x^{n+1}}{n+1} \le \frac{1}{n+1} \to 0$$

(2) $-1 < x < 0$ **인 경우**

$$\begin{aligned} |R_n(x)| &\le \int_x^0 \frac{|t|^n}{1+t}\, dt \le \frac{1}{1+x} \int_x^0 (-t)^n\, dt \\ &\le \frac{|x|^{n+1}}{(1+x)} \frac{1}{(1+n)} < \frac{1}{(1+x)} \cdot \frac{1}{(1+n)} \to 0 \end{aligned}$$

즉, $-1 < x \le 1$ 에서

$$log(1+x) = x - \frac{x^2}{2} + \frac{x^3}{3} - \frac{x^4}{4} + \cdots = \sum_{n=1}^{\infty} \frac{(-1)^{n+1}}{n} x^n$$

연습문제

• 테일러 전개식

1. 함수 $sin(sin\ x)$의 $x=0$에서 3차 $Taylor$다항식을 구하라.

해답 $P_3(x) = x - \frac{1}{3}x^3$

2. $f(x) = ln(1+x)$의 n차 $Taylor$ 다항식을 구하라.

3. $\sqrt{x}$를 $x=4$에서의 $Taylor$ 전개식을 구하고, 수렴 반경을 구하라.

해답 $2 + \frac{1}{4}(x-4) - \frac{1}{64}(x-4)^2 + \cdots$

4. $f(x) = 5x^3 + 4x^2 + 3x + 2$를 $(x+3)$에 대한 다항식으로 나타내라.

해답 $5(x+3)^3 - 41(x+3)^2 + 114(x+3)^2 - 106$

5. $\int_0^1 \frac{1}{1+x}dx = ln\,(1+x)$를 이용하여 $ln(1+x)$의 멱급수 전개를 하라.

6. $x = 1$에서 $(x-1)ln\,x$에 대한 *Taylor* 급수를 구하라.

(힌트) $ln\,x$에 대한 $(x-1)$의 멱급수 전개

해답 $(x-1)^2 - \frac{1}{2}(x-1)^3 + \frac{1}{3}(x-1)^4 + \cdots$

7. 멱급수 $a_0 + a_1(x-x_0) + a_2(x-x_0)^2 + \cdots + a_n(x-x_0)^n + \cdots$가 $|x-x_0| < r$에서 함수 $f(x)$로 수렴한다. 그러면, 멱급수는 점 $x = x_0$에서 함수 $f(x)$의 *Taylor* 급수임을 보여라. **(힌트)** $a_n = \frac{f^{(n)}(x_0)}{n!}$이어야 하므로, $f^{(n)}(x_0) = n!\,a_n$

8. $x = \frac{\pi}{2}$에서 함수 $cos\,\frac{x}{2}$의 *Taylor* 급수를 구하라.

9. 테일러급수를 이용하여 점 $x = 0$에서 함수 $x^6 e^x$의 10계 미분계수를 구하라.

(힌트) (e^x의 테일러급수)$\times x^6$

해답 $\frac{10!}{4!}$

10. $x = 0$에서 다음 함수의 *Taylor* 급수를 구하라.

$$f(x) = \begin{cases} \frac{sin\,x}{x}, & x \neq 0 \\ 0, & x = 0 \end{cases}$$

(힌트) ($sin\,x$의 테일러급수) $\times \frac{1}{x}$

• 멱급수가 나타내는 함수

11. 다음 멱급수가 나타내는 함수를 써보아라.

(1) $\sum_{n=0}^{\infty}(-1)^n x^n$ 해답 $\frac{1}{x+1}$

(2) $\sum_{n=0}^{\infty}(-1)^n (x-1)^n$ 해답 $\frac{1}{x}$

(3) $\sum_{n=1}^{\infty}(-1)^{n+1}\frac{x^n}{n}$ 해답 $ln(x+1)$

(4) $\sum_{n=1}^{\infty}\frac{x^n}{n!}$ 해답 e^x-1

(5) $\sum_{n=0}^{\infty}\frac{(-1)^n}{(2n)!}x^{2n}$ 해답 $cos\,x$

(6) $\sum_{n=1}^{\infty}\frac{(-1)^{n+1}}{(2n+1)!}x^{2n+1}$ 해답 $x-sin\,x$

• 테일러 전개의 응용

12. *Taylor* 급수 처음 3항을 사용하여 다음 적분을 근사하여라.

(1) $\int_0^1 e^{-x^2}dx$

(2) $\int_0^1 \frac{sin\,x}{x}dx$

13. 다음 순으로 답하라.

(1) $\frac{1}{\sqrt{1-x^2}}=1+\frac{1}{2}x^2+\frac{1\cdot 3}{2\cdot 4}x^4+\cdots$를 유도하라.

(2) 원 $x^2+y^2=1$의 $0\sim x$해당하는 호의 길이는 $sin^{-1}x$이다. 즉,

$sin^{-1}x=\int_0^x\sqrt{1+(y')^2}\,dx=\int_0^x\frac{1}{\sqrt{1-x^2}}\,dx$이다. 이제 앞의 결과를 이용하여 $sin^{-1}\,x$의 멱급수 전개를 구하라.

14. 근삿값을 지시한 대로 구하라.

(1) $\sqrt{0.98}$, $f(x)=\sqrt{1-x}$ 의 멱급수 3항 까지

해답 $1-\frac{1}{2}(0.02)-\frac{1}{8}(0.02)^2$

(2) $\sqrt[3]{e}$, $f(x)=e^x$의 멱급수 3항 까지

(3) $cos\ 47^\circ$ $f(x)=cos\ x$의 $x=\frac{\pi}{4}$에서의 *Taylor* 전개식 2항까지

15. 함수 전개식을 이용하여, 다음 극한을 구하라.

(1) $\lim_{x\to 0}\ \frac{log(1+x^2)}{1-cos\ x}$

(2) $\lim_{x\to 0}\ \frac{sin\ x-tan\ x}{x^3}$

(3) $\lim_{x\to 0}\ \frac{cos\ x-e^{-\frac{x^2}{2}}}{x^4}$

해답 $-\frac{1}{12}$

16. $\sum_{n=2}^{\infty} n^2(x+3)^n=-\frac{x^2+7x+12}{(x+2)^3}$임을 보여라. (단, $|x+3|<1$)

(힌트) $\frac{1}{1-x}=\sum_{n=0}^{\infty} x^n$ 미분, $x\mapsto(x+3)$

• [간편한 함수 전개]

17. 다음 정리는 함수를 멱급수 형태로 나타내면, Taylor 전개와 일치한다는 뜻이다. 따라서 아래 연습문제들과 같이 **간편하게** 주어진 함수의 전개식을 얻을 수 있다. 다음 기본 정리를 보여라. **(힌트)** [항별 미분]의 반복

기본 정리

함수 $f(x)$가 멱급수 형태 $f(x)=a_0+a_1x+a_2x^2+\cdots+a_nx^n+\cdots$ 로 나타나면

$$a_n=\frac{f^{(n)}(0)}{n!}$$

18. 함수 $log(1+x)$를 멱급수로 전개할 때 **간편하게**

$\dfrac{1}{1+x}=1-x+x^2-\cdots+\cdots$ ($|x|<1$) **(등비급수)**로부터 구하여 보아라.

(힌트) [항별 적분]

19. $\dfrac{1}{x}$을 $(x-1)$에 대한 멱급수로 **간편하게** 전개하여라.

(힌트) $\dfrac{1}{x}=\dfrac{1}{1-(1-x)}$ & 등비급수

참고 오차한계와 근삿값

전개식을 이용하여 근삿값을 구할 때, 나머지함수는 오차를 나타내므로 **주어진 오차보다 작도록** 하려면 나머지함수를 잘 다루어야 한다.

함수 e^x의 테일러 전개식으로부터 테일러 다항식 $P_n(x)=1+x+\dfrac{x^2}{2!}+\dfrac{x^3}{3!}+\cdots+\dfrac{x^n}{n!}$ 와 나머지

$$R_n(x)=\frac{e^c}{(n+1)!}x^{n+1}$$

을 이용하면 구간 $[0,1]$상에서 적용하면 $0<c<1$이고 $2<e<3$이므로 $e^0<e^c<e^1$ 즉, $1<e^c<3$이므로 나머지함수

$$|R_n(1)|\le\frac{3}{(n+1)!}1^{n+1}$$

부등식이 보여주는 것은 우변이 n 값이 커짐에 따라 매우 빠르게 0에 가까워짐을 나타내는 것을 알 수 있다. 이를테면, $n=6$ 쯤 되면

$$|R_6(1)|\le\frac{3}{7!}<0.001$$

따라서 e^1의 근삿값으로 $P_6(1)$으로 택할 경우 오차 $R_6(1)$이므로 참값(모르지만)의 오차범위 ± 0.001이내에 있다는 것을 논리적으로 알 수 있다.

$$e \sim P_6(1) = 1+1+\frac{1}{2!}+\frac{1}{3!}+\cdots+\frac{1}{6!}=2.718\cdots$$

와 같이 계산기 없이 지필 계산이 가능하다. 여기서 $e \sim 2.71$이라는 어림계산이 소수 둘째 자리까지 맞는다는 것을 확인 할 수 있다.

참고 테일러 정리 증명과 해설.

앞 단원을 마무리하기 위하여 테일러 정리의 증명을 생각하기로 하자. 구간 $[a,b]$상에서 **$(n+1)$회 미분가능** 함수 f일 때, **구간 내의 어떤 점** c에 대하여 다음과 같이 나타낼 수 있다.

테일러 정리 Taylor[94)]

$$f(b)=f(a)+f'(a)(b-a)+\frac{f^{(2)}(a)}{2!}(b-a)^2+\cdots+\frac{f^{(n)}(a)}{n!}(b-a)^n + \frac{f^{(n+1)}(c)}{(n+1)!}(b-a)^{n+1}$$

형식적 증명을 하기 전에 다음과 같이 단계를 나누어 생각해 보자.

[단계 1] **[평균값 정리]**를 다음과 같이 써 보자. Taylor 공식의 $n=1$인 경우이다.

$$f(b)=f(a)+f'(c)(b-a)$$

[단계 2] 이제, **귀납적으로**

$$f(b)=f(a)+f'(a)(b-a)+K(b-a)^2$$

형태라고 추측하고, 미정계수 $K=\frac{f^{(2)}(c)}{2}$임을 보이자.[95)]

94) 테일러 공식에서 x를 b로 바꾼 것.

95) **[미정계수법]**을 이용한 것이다.

[단계 (2) 증명] $f(b)=f(a)+f'(a)(b-a)+K(b-a)^2$로 쓰고, **(좌변)**−**(우변)**에 대하여 $a \mapsto x$로 바꾸어 $F(x)$, 즉

$$F(x)=f(b)-\{f(x)+f'(x)(b-x)+K(b-x)^2\}$$

를 생각하자. f가 (2회)미분가능일 때, F는 (1회)미분가능이며

$$F(b)=0, \quad F(a)=(\text{좌변})-(\text{우변})=0$$

[롤의 정리]를 F에 적용하면

$$0=F'(c)=-f''(c)(b-c)+2K(b-c)$$

즉,

$$K=\frac{1}{2}f''(c)$$

[테일러 정리]의 증명 앞과 같이 **(귀납적 미정계수법)**을 이용.

$$f(b)=f(a)+f'(a)(b-a)+\frac{f^{(2)}(a)}{2!}(b-a)^2+\cdots+\frac{f^{(n)}(a)}{n!}(b-a)^n+K(b-a)^{n+1}$$

로 쓰고, (우변)의 $a \mapsto x$로 고쳐 쓰고 **(좌변)−(우변)**을 $F(x)$, 즉

$$F(x)=f(b)-\left[f(x)+f'(x)(b-x)+\frac{f^{(2)}(x)}{2!}(b-x)^2+\cdots+\frac{f^{(n)}(x)}{n!}(b-x)^n+K(b-x)^{n+1}\right]$$

그런데, $F(a)=F(b)=0$. 따라서 **[롤의 정리]**를 F에 적용하면,

$$F'(x)=K(n+1)(b-x)^n-\frac{f^{(n+1)}(x)}{n!}(b-x)^n$$

이므로 적당한 c 가 존재하여

$$0=F'(c)=K(n+1)(b-c)^n-\frac{f^{(n+1)}(c)}{n!}(b-c)^n$$

즉,

$$K=\frac{f^{(n+1)}(c)}{(n+1)!}$$

참고문헌 (수학)

김홍종(1999), 미적분학, 서울대학교 출판부

고려대학교 이과대학 수학과 교수실(1990), 미적분학과 행렬, 고려대 출판부, 김순자 외 13인 공역 (2007), *Kreyszig* 공업수학, 범한서적.

김강태, 김성옥(2004), 우리 아이들을 위한 미분적분학(I), 교우사.

석용징(2017), 미분방정식, 경문사.

석용징(2017), 미적분 II Calculus, 교우사.

오카베 츠네하루(김병학, 2000), 그림으로 이해하는 미분과 적분, 경문사.

G. Simmons, *S. Krantz*, *Differential Equations*, *MacGraw-Hill*, *NY*, 2007

G. Musser W. Burger, *Mathematics for Elementary Teachers*, *Macmillan*, *NY*, 1988

J. Marsden A. Tromba, *Vector Calculus* (5th *ed.*), *Freeman*, *NY*, 2003

Mori Tsuyoshi(2006), 解析の 流れ, 日本評論社.

참고문헌 (수학)

안세희(1993), 물리학의 현대적 이해, 청문각

Ken Kazuishi(김제완 감역)(2002), 물리수학(수학에 대한 새로운 느낌의 시작), 성안당

Barger V. Olsson M.(1995), *Classical mechanics - a modern perspective*, *MaGraw-Hill*

Halliday, Resnik, Walker (고려대외 6개대 물리학과) (2001), 일반물리학 (개정6판), 범한서적.

찾아보기

ㅇ

ㅈ

ㅊ

ㅋ

ㅌ

ㅍ

ㅎ

지은이 석용징

서울대학교 사범대학 수학교육과
서울대학교 대학원 수학과(Ph. D.)
강원대학교 사범대학 수학교육과 교수

미분적분학 I

초판발행 2018년 2월 20일
지은이 석용징 / **펴낸이** 오판근
펴낸곳 (주) 교우
주　소 서울시 동대문구 약령시로 8 교우빌딩 2층 (주)교우
전　화 02-925-2861 / **팩　스** 02-925-2860. **편집부** 02-925-2825
홈페이지&북스토어 www.kyowoo.co.kr / **이메일** kyowoo@kyowoo.co.kr
등　록 1994년 3월 24일 제1994-000013호
ISBN 979-11-251-0215-1 (94410) / 979-11-251-0206-9 (세트)

Published by Kyowoo Co., Ltd. Printed in Korea

(주) 교우는 보다 혁신적이고 참신한 도서를 다양하게 기획하고 있습니다.
책으로 펴내고자 하는 아이디어나 원고는 메일로 보내주세요.
(주) 교우는 전과정을 책임지고 최선을 다하겠습니다.

값 13,000원

교우미디어는 (주) 교우의 Imprint 사입니다.
수학정원·과학정원은 (주) 교우의 새로운 브랜드명입니다.

잘못된 책은 구입하신 서점에서 교환해 드립니다.